BGR

Bundesanstalt für Geowissenschaften und Rohstoffe

Handbuch zur Erkundung des Untergrundes von Deponien und Altlasten

Band 1

Dieses Methodenhandbuch „Deponieuntergrund“ ist im Rahmen des vom Bundesministerium für Bildung, Wissenschaft, Forschung und Technologie (BMBF) geförderten Forschungsverbundvorhabens „Methoden zur Erkundung und Beschreibung des Untergrundes von Deponien und Altlasten“ (Projektträgerschaft „Abfallwirtschaft und Altlastensanieung“ beim Umweltbundesamt; Förderkennzeichen 1460605/A) entstanden.
Die Verantwortung für den Inhalt der jeweiligen Beiträge liegt bei den Autoren.

Springer

Berlin
Heidelberg
New York
Barcelona
Hong Kong
London
Mailand
Paris
Tokyo

Friedrich Kühn Bernhard Hörig

Geofernerkundung

-- Grundlagen und Anwendungen --

Mit Beiträgen von
Dietmat Schmidt, Heinz Rosemann, Benjamin Bartsch,
Björn Glowinski, Ulf Gorgas, Jan Irrek und Christian Schulz

Springer

DR. FRIEDRICH KÜHN
DIPL.-GEOPHYS. BERNHARD HÖRIG
Bundesanstalt für Geowissenschaften
und Rohstoffe
Außenstelle Berlin
Invalidenstraße 44
10115 Berlin

ISBN 3-540-58728-4 Springer-Verlag Berlin Heidelberg New York

Printed in Germany

Einbandgestaltung: Erich Kirchner, Heidelberg
Satz: Reproduktionsfertige Vorlage vom Autor

SPIN 10467660 30/3136- 5 4 3 2 1 0 – Gedruckt auf säurefreiem Papier

Vorwort

Die Erhaltung einer gesunden Umwelt als Lebensgrundlage auch für kommende Generationen ist eine gemeinsame Aufgabe des Staates, aller gesellschaftlichen Gruppen, der Unternehmen und aller Bürger. Eine hohe Umweltqualität ist nur zu erreichen durch Minimierung von Emissionen, vorbeugende Maßnahmen zur Erhaltung der Umwelt sowie durch die Sanierung bereits entstandener Umweltschäden. Umwelterhaltung setzt Umweltforschung voraus. Nur so können die oft komplizierten Zusammenhänge, Kreisläufe und Systeme unseres natürlichen Lebensraumes erkannt und verstanden werden. Technologien für vorsorgenden Umweltschutz bei der Nutzung der Ressourcen Wasser, Boden und Luft sowie für die Sicherung und Sanierung von Altlasten sind zu entwickeln und zu erproben. Während in den alten Bundesländern bereits hohe Umweltstandards verwirklicht sind, wurden und werden in den neuen Bundesländern erhebliche Anstrengungen unternommen, um die Umweltzerstörung vieler Jahre auszugleichen. Durch diese Aktivitäten haben deutsche Firmen auf dem Gebiet Umwelttechnik eine Vorreiterrolle erlangt. Einen maßgeblichen Beitrag zu dieser Entwicklung leistet die Forschungsförderung des Bundesministeriums für Bildung, Wissenschaft, Forschung und Technologie (BMBF) in der Umsetzung des Programms "Umweltforschung und Umwelttechnologie". Im Rahmen dieses Programms, das u.a. die Bereiche Abfallwirtschaft und Altlastensanierung umfaßt, hat das BMBF das Verbundvorhaben "Methoden zur Erkundung und Beschreibung des Untergrundes von Deponien und Altlasten" (Kurztitel "Deponieuntergrund") gefördert. Mit dem nunmehr als ein Ergebnis des Verbundvorhabens vorliegenden Methodenhandbuch "Deponieuntergrund" soll allen, die in Behörden und Firmen oder in der Wissenschaft an den Problemen des Umweltschutzes arbeiten, ein umfassendes Werk über die Methoden zur Erkundung des Untergrundes von Deponien und Altlasten zur Verfügung gestellt werden. Damit leistet das Methodenhandbuch "Deponieuntergrund" einen wesentlichen Beitrag dazu, Erkundungsarbeiten für neue Deponiestandorte sowie Sicherung oder Sanierung von Altlasten ökologisch wirksam und ökonomisch effizient durchzuführen.

Dr. Klaus Schroeter

Referat Umwelttechnologien
Bundesministerium für Bildung, Wissenschaft, Forschung und Technologie

Inhaltsverzeichnis

1 **Einleitung** ... 1

2 **Physikalische Grundlagen der Geofernerkundung im Überblick** ... 5

3 **Gewinnung von Fernerkundungsdaten im Überblick** ... 11

3.1 Satellitengestützte Aufnahmeverfahren ... 11

3.2 Flugzeuggestützte Aufnahmeverfahren ... 14

3.2.1 Luftbilder ... 14
3.2.2 Nichtphotographische Aufnahmeverfahren ... 25
3.2.2.1 Einführung ... 25
3.2.2.2 Optisch-mechanische Scanner ... 26
3.2.2.3 Optisch-elektronische Scanner ... 33
3.2.2.4 Radarverfahren ... 38

4 **Zur Anwendung der Geofernerkundung bei der Untersuchung von Deponien** ... 41

4.1 Untersuchungsziele und Auswertekriterien ... 41

4.2 Bildbeispiele ... 48

4.2.1 Erkundung des Deponiekörpers ... 48
4.2.2 Erkundung des Deponieumfeldes ... 53
4.2.3 Erkundung des Untergrundes bestehender Deponien ... 66
4.2.4 Standortsuche ... 69

5 **Begleitende Geländeuntersuchungen** ... 71

5.1 Geländekontrollen ... 71

5.2 Spektrometeruntersuchungen ... 72

6 Anwendungsbeispiele und Fallstudien 83

6.1 Einführung 83

6.2 Deponie Arnstadt/Eulenberg 84

6.2.1 Einleitung und Aufgabenstellung 84
6.2.2 Geophysikalische Untersuchungen 86
6.2.3 Luftbildauswertung 88
6.2.4 Zusammenfassung 94

6.3 Deponie Schöneiche 95

6.3.1 Einleitung und Aufgabenstellung 95
6.3.2 Fallstudien zur Auswertung von Luftbildern und Scannerdaten 98
6.3.2.1 Untersuchung des Deponiekörpers 98
6.3.2.2 Untersuchung des Deponieuntergrundes 106
6.3.2.3 Untersuchung des Deponieumfeldes 113
6.3.2.3.1 Eigenschaften der Geländeoberfläche 113
6.3.2.3.2 Vitalitätskartierung an Einzelbäumen 120
6.3.3 Zusammenfassende Bewertung 124

6.4 Deponie Hermsdorf 127

6.4.1 Einführung zur multitemporalen Luftbild- und Kartenauswertung 127
6.4.2 Multitemporale Luftbild- und Kartenauswertung am Beispiel der Deponie Hermsdorf 132
6.4.2.1 Zum Deponiestandort Hermsdorf 132
6.4.2.2 Kartierungs- und Bewertungskriterien 133
6.4.2.3 Bearbeitungsschema und Datengrundlage 135
6.4.2.4 Untersuchungsergebnisse 136
6.4.2.4.1 Geschichte der Deponieentwicklung 136
6.4.2.4.2 Potentielles Stoffinventar 144
6.4.3 Zusammenfassung 149

Dank 151

Quellen für Karten und Bilder 153

Literatur 155

Verzeichnis häufig verwendeter Abkürzungen 161

Sachregister 163

Autorenverzeichnis

Dr. Friedrich Kühn
Bundesanstalt für Geowissenschaften
und Rohstoffe
Außenstelle Berlin
Invalidenstraße 44
10115 Berlin

Dipl.-Geophys. Bernhard Hörig
Bundesanstalt für Geowissenschaften
und Rohstoffe
Außenstelle Berlin
Invalidenstraße 44
10115 Berlin

Dipl.-Geophys. Heinz Rosemann
uve GmbH
Kantstraße 33
10625 Berlin

Dipl.-Geogr. Dietmar Schmidt
uve GmbH
Kantstraße 33
10625 Berlin

Dipl.-Geol. Benjamin Bartsch
WIB Ingenieurgesellschaft GmbH
Lassenstraße 11-15
14193 Berlin

Björn Glowinski
WIB Ingenieurgesellschaft GmbH
Lassenstraße 11-15
14193 Berlin

Ulf Gorgas
WIB Ingenieurgesellschaft GmbH
Lassenstraße 11-15
14193 Berlin

Jan Irrek
WIB Ingenieurgesellschaft GmbH
Lassenstraße 11-15
14193 Berlin

Christian Schulz
WIB Ingenieurgesellschaft GmbH
Lassenstraße 11-15
14193 Berlin

1 Einleitung

Im Rahmen des vom Bundesministerium für Bildung, Wissenschaft, Forschung und Technologie (BMBF) geförderten Forschungsverbundvorhabens "Methoden zur Erkundung und Beschreibung des Untergrundes von Deponien und Altlasten", abgekürzt "Deponieuntergrund", führte die Bundesanstalt für Geowissenschaften und Rohstoffe (BGR) in Projektträgerschaft des Umweltbundesamtes (UBA) sowie in Zusammenarbeit mit Partnern an Universitäten, Forschungsinstituten und Firmen methodische Untersuchungen zur geowissenschaftlichen Beurteilung von Deponiestandorten durch.

Die Untersuchungen erfolgten mit der Zielstellung, durch eine möglichst komplexe Anwendung verschiedener geologisch-geophysikalischer Untersuchungsverfahren ein Höchstmaß an Informationen über den Untergrund von Deponiestandorten zu erhalten. Dabei standen Fragen nach den Mächtigkeiten und dem Zustand abdichtender Sediment- oder Gesteinsschichten an der Deponiebasis sowie der Existenz möglicher Migrationswege für kontaminierte Wässer aus dem Deponiekörper in das unmittelbare Umfeld im Vordergrund.

Es ist das Anliegen des Handbuches, Untersuchungsergebnisse in Form verallgemeinerungsfähiger methodischer Ansätze zur optimalen Anwendung geologisch-geophysikalischer Methoden für die Deponieerkundung vorzustellen. Im Band "Geofernerkundung", als erstem von vorerst 7 geplanten Bänden, werden Möglichkeiten der Nutzung von Flugzeug- und Satellitenverfahren dargestellt. Dabei wurde versucht, ein möglichst ausgewogenes Verhältnis zwischen der Erläuterung methodischer und technischer Grundlagen und der Vorstellung von Anwendungsbeispielen einzuhalten.

Die Geofernerkundung hat sich in den letzten Jahren zu einem festen Bestandteil der geowissenschaftlichen Forschung und Erkundung entwickelt. Das Spektrum möglicher Anwendungen ist breit. Neben der Klärung grundlegender geowissenschaftlicher Fragestellungen werden Fernerkundungsdaten zunehmend für die Untersuchung vielschichtiger Probleme der angewandten geologischen Forschung und Erkundung herangezogen. Aus der Position eines Satelliten oder Flugzeuges werden dabei Zusammenhänge sichtbar und erklärbar, die einem bodengebundenen Beobachter im allgemeinen verschlossen bleiben.

Ein wesentlicher Vorteil bei der Arbeit mit Methoden der Geofernerkundung ist die Möglichkeit zur schnellen, zeitgleichen und flächenhaften Erfassung beliebiger Geländeabschnitte. Die traditionellen bodengestützten Kartierungsverfahren sind dazu erfahrungsgemäß nicht in der Lage oder, je nach Problemstellung, mit Aufwendungen an Zeit, die Monate bis Jahre betragen können. Dabei wäre es grundsätzlich falsch, die Geofernerkundung mit dem Ziel einzusetzen, die traditionellen Kartierungsverfahren zu ersetzen. Dazu ist sie in den wenigsten Fällen in der Lage. Die Geofernerkundung sollte vielmehr als eine Methode im Gesamtverband geowissenschaftlicher Untersuchungsprogramme angesehen werden und im allgemeinen am Anfang geländebezogener Aufgaben stehen. Dabei werden in der Regel folgende Zielstellungen verfolgt (vgl. auch KRONBERG, 1984):

a) Beurteilung des Zustandes bzw. typischer Merkmale eines Geländes

- im Sinne von Vorerkundungen zur Erfassung und Bewertung der generellen Situation im Untersuchungsgebiet,
- als Voraussetzung für den effektiven und kostengünstigen Einsatz der im allgemeinen weitaus teureren konventionellen Untersuchungsmethoden, auf die im Normalfall nicht verzichtet werden kann (geologische Kartierung, Geophysik, Geochemie, Bohrungen, etc.);

b) Klärung von geowissenschaftlichen Problemstellungen, bei denen die generalisierende Sicht aus der Position eines Flugzeuges oder Satelliten die Erfassung und Beschreibung des betreffenden Sachverhaltes erleichtert oder überhaupt erst ermöglicht;

c) Beurteilung von nicht bzw. nur begrenzt zugänglichen Regionen wie unwegsame Geländeabschnitte, Katastrophengebiete u.ä. .

Satelliten-Fernerkundungssysteme kommen vorwiegend für die Klärung regionaler Zusammenhänge in Maßstäben von 1:500 000 bis 1:100 000, in Ausnahmefällen bis 1:50 000, zur Anwendung. Satellitendaten werden beispielsweise für die Untersuchung des Zustandes großflächiger Naturraumpotentiale (tropische Regenwälder), für das Monitoring von landschaftsverändernden Vorgängen (Desertifizierung, Veränderung von Küsten, Vereisung der Polargewässer), die Lösung regionaler geologischer Fragestellungen in Entwicklungsländern oder auch für die Überwachung bei Umweltkatastrophen (Tankerunfälle, brennende Ölquellen, Flächenbrände) eingesetzt.

Für umweltorientierte geowissenschaftliche Aufgabenstellungen im Inland sind Satellitenbilder auf Grund ihrer begrenzten Bodenauflösung nur in Einzelfällen anwendbar. Gute Ergebnisse wurden zum Beispiel bei der Bewertung von Tagebaulandschaften, Truppenübungsplätzen oder auch bei der Beurteilung von Küstengebieten und Oberflächengewässern erzielt. Für die detaillierte Untersuchung und Erkundung von Altlasten, Deponien oder sonstigen anthropogenen Veränderungen von Landschaften reicht die Bodenauflösung der Satellitensensoren vielfach nicht mehr aus. Bei den meisten umweltorientierten geologischen Aufgabenstellungen im Inland sind Kartierungsmaßstäbe von 1:10 000 und größer gefragt. Damit werden feine Details eines

Geländes auflösbar und sensible stoffliche Inhomogenitäten an der Geländeoberfläche erkennbar.

Diesen Anforderungen werden gegenwärtig nur geometrisch hochauflösende Luftbilder und Daten nichtphotographischer Flugzeugsysteme wie optisch-mechanische oder optisch-elektronische Scanner gerecht. Die nichtphotographischen Aufnahmesysteme sind zudem in der Lage, unmittelbar digital weiterverarbeitbare multispektrale Daten vom sichtbaren Bereich des elektromagnetischen Spektrums bis hin zur Thermalstrahlung zu liefern.

Das Anliegen dieses Bandes ist es, methodische Aspekte von Anwendungen der Geofernerkundung zur Erkundung von Deponien und Altlaststandorten darzustellen. Unter Bezugnahme auf die Lösung von ausgewählten anwenderorientierten Fragestellungen sollen dabei vor allem die Möglichkeiten und Grenzen zur Anwendung des Verfahrens vorgestellt und diskutiert werden. Dabei wird die Geofernerkundung grundsätzlich als eine Methode im Gesamtverband geologisch-geophysikalischer Erkundungsverfahren verstanden. Theoretische und technische Erläuterungen erfolgen nur, soweit sie zum methodischen Verständnis der ausgewählten Anwendungsbeispiele beitragen. Unter Deponieerkundung wird hier sowohl die Untersuchung des Deponiekörpers als auch seines Untergrundes und unmittelbaren Umfeldes verstanden.

Dieser Band ist kein Lehrbuch. Er ist in erster Linie für Nutzer und Anwender der Geofernerkundung gedacht und soll zum besseren Verständnis für die Leistungsfähigkeit aber auch für die zweifellos vorhandenen Grenzen der Methode beitragen. Obwohl die Erläuterungen zu den Anwendungsmöglichkeiten der Geofernerkundung ausschließlich am Beispiel von Deponien erfolgen, kann ein Großteil der hier vorgestellten Ergebnisse und Erfahrungen ohne weiteres auch auf die Lösung anderer umweltorientierter Fragestellungen übertragen werden.

Spricht man mit gelegentlichen Nutzern von Fernerkundungsdaten bzw. -leistungen, dann fallen hin und wieder auch Vorbehalte gegenüber der Leistungsfähigkeit der Methode auf. Erfahrungsgemäß wird die Entstehung solcher Urteile begünstigt, wenn die Geofernerkundung ausschließlich auf die Herstellung von "Bildern" reduziert wird. Das ist meist gegeben, wenn vordergründig auf Datenakquisition orientierte Leistungsangebote vereinbart werden, ohne die für die jeweilige thematische Aufgabenstellung erforderlichen Realisierungsbedingungen zu prüfen bzw. einzuhalten oder wenn ein im Umgang mit den Daten wenig erfahrener Nutzer bei ihrer Auswertung und thematischen Umsetzung auf sich allein gestellt ist.

Auf den ersten Blick haben die meisten Luftbilder, digital verarbeitete Satelliten- oder Flugzeugscannerbilder ein eindrucksvolles Aussehen. Oft verschleiert gerade dieser Eindruck beim ersten Kontakt mit den Bildern die Schwierigkeit der Extraktion bestimmter thematischer Informationen. Besonders unter komplizierteren Oberflächenbedingungen dauert es dann oft nicht sehr lange, bis Fragen nach der für die Lösung des Problems relevanten Bildinformation entstehen. Es kann zu Enttäuschungen und Vorbehalten führen, wenn die erwarteten Informationen in den Bildern nicht sofort und vordergründig sichtbar werden. Solche Situationen werden begünstigt, wenn die thematische Interpretation der Daten unterbewertet und unter einem Fernerkundungsprojekt allein die Herstellung und Übergabe von Bildern verstanden wird.

Erfahrungsgemäß sollte ein Fernerkundungsprojekt, wie grundsätzlich jede geowissenschaftliche Aufgabenstellung, mit der Analyse des zu lösenden Problems beginnen. Die Problemanalyse zeigt den Spielraum für eine thematisch orientierte Anwendung der Methode auf und damit ihre Möglichkeiten aber auch ihre Grenzen. Die Besonderheiten der jeweiligen Landschaft und der mögliche Einfluß eventuell vorhandener maskierender Elemente können dadurch besser erfaßt und bewertet werden. Die Problemanalyse ermöglicht bereits vor Projektbeginn eine Beurteilung der erforderlichen Realisierungsbedingungen und stützt im ungünstigen Fall auch Entscheidungen, auf eine Anwendung der Fernerkundung unter den gegebenen Bedingungen zu verzichten.

Anhand von Fallbeispielen wird der Handlungsrahmen für eine optimale thematische Nutzung von Fernerkundungsdaten im Rahmen der Deponieerkundung beschrieben. Da es nicht möglich ist, ein für Deponien allgemeingültiges methodisches Schema voranzustellen, werden standorttypische methodische Ansätze und Vorgehensweisen in Verbindung mit den Fallbeispielen vorgestellt.

2 Physikalische Grundlagen der Geofernerkundung im Überblick

Unter Geofernerkundung wird die Gewinnung von Daten und Informationen über die Erdoberfläche verstanden, wobei der dazu benutzte Sensor, der in einem Flugzeug oder Satelliten untergebracht sein kann, die Erdoberfläche bzw. das Erkundungsobjekt nicht berührt. Als Träger für den Transport der Fernerkundungsinformation von der Geländeoberfläche zum Sensor dient elektromagnetische Strahlung. Die Geofernerkundung nutzt vornehmlich den Strahlungsbereich vom Ultraviolett, über das sichtbare Licht und das Infrarot, bis hin zu den Mikrowellen. Dabei dominieren bilderzeugende Verfahren. Aerogeophysikalische Methoden, für die die obige Umschreibung auch zutrifft, bilden einen eigenständigen Verfahrenskomplex und werden nicht der Geofernerkundung zugeordnet.

Fernerkundungsverfahren werden in passive und aktive Methoden unterteilt. Passive Verfahren nutzen ausschließlich die an der Erdoberfläche reflektierte Sonnenstrahlung bzw. die von der Erdoberfläche emittierte Strahlung. Demgegenüber besitzen die aktiven Fernerkundungsverfahren eine eigene Quelle zur "Bestrahlung" der Geländeoberfläche. Ein aktives Verfahren ist beispielsweise das Radar. Auf grundlegende Ausführungen zu den Mikro- und Radarwellen wird wegen ihrer untergeordneten Bedeutung für die Deponieerkundung verzichtet (vgl. Abschn. 3.2.2.4).

Die "Fernerkundungs-Information" entsteht durch Wechselwirkung elektromagnetischer Strahlung mit der Geländeoberfläche. Lediglich bei Aufnahmen im thermalen Bereich können zusätzlich geothermale Quellen eine Rolle spielen. Auf Grund der hohen Frequenzen der genutzten elektromagnetischen Strahlung (µm-, nm-Bereich) besteht so gut wie keine Eindringtiefe unter die Oberflächen der zu untersuchenden Objekte. Ein Fernerkundungssensor liefert ausschließlich Bilder von der Geländeoberfläche. Aussagen über Verhältnisse und Strukturen unter einer natürlichen oder künstlichen Geländeoberfläche können über die Interpretation von sichtbaren Oberflächenmerkmalen abgeleitet werden. Es hängt damit maßgeblich von der Erfahrung des Auswerters ab, wieweit seine Interpretation die unter der Geländeoberfläche bestehenden Sachverhalte beschreibt. Ein Auswerter von Luftbildern und anderen Fernerkundungsdaten sollte deshalb ein ausgeprägtes Verständnis für die Besonderheiten einer Landschaft, ihres Untergrundes und den Spielraum möglicher Formen ihrer Abbildung in den Daten besitzen.

Grundsätzlich ist eine nach Luftbildern und anderen Fernerkundungsdaten erarbeitete Karte das Ergebnis einer von subjektiven Faktoren beeinflußten Interpretation. Eine besondere Bedeutung kommt deshalb der stichprobenartigen Überprüfung der Interpretationsergebnisse im Gelände zu, ohne die keine Interpretation von Fernerkundungsdaten abgeschlossen werden sollte (Groundcheck). Die Durchführung von Geländekontrollen kann auch zu Beginn oder im Verlaufe eines Fernerkundungsprojektes erforderlich werden, um einen Interpretationsschlüssel festzulegen oder Zwischenschritte zu überprüfen (vgl. Kap. 5.1 und 6.3).

Auf die elektromagnetische Strahlung als Träger von Fernerkundungsinformationen wird in den nachfolgenden Abschnitten wiederholt Bezug genommen. Es ist deshalb wichtig, die verschiedenen Bereiche des elektromagnetischen Spektrums zu definieren. Es fällt schwer, in der Literatur Einteilungen des elektromagnetischen Spektrums zu finden, auf die ohne Abstriche verwiesen werden kann. Selbst namhafte Autoren kommen zu weit voneinander abweichenden Einteilungen. Bei allen nachfolgenden Ausführungen zu Spektren der elektromagnetischen Strahlung wird eine Einteilung von ERB (1989) zu Grunde gelegt. Diese orientiert sich am physikalischen Hintergrund entsprechender Bereiche des natürlichen elektromagnetischen Spektrums und erlaubt eine Bezugnahme bei der Erläuterung von Sensoren und Systemen zur Aufnahme elektromagnetischer Strahlung. Abweichend von der Einteilung durch ERB wird im weiteren das **M**ittlere **I**nfra**R**ot (MIR) zusätzlich in ein MIR-I und ein MIR-II unterteilt (*Tabelle 2. 1*).

Tabelle 2.1: Von Fernerkundungssensoren genutzte Spektralbereiche der elektromagnetischen Strahlung unter Bezugnahme auf eine Einteilung von ERB (1989)

Benennung der Strahlung	Abkürzung	Wellenlänge λ in µm
Nahes Ultraviolett	NUV	0,315- 0,38
Sichtbares Licht	VIS	0,38 - 0,78
Nahes Infrarot	NIR-I	0,78 - 1,4
	NIR-II	1,4 - 3,0
Mittleres Infrarot (Thermales Infrarot)	MIR	3,0 - 50,0
	MIR-I	3,0 - 5,5
	MIR-II	8,0 - 15,0
Fernes Infrarot	FIR	50,0 - 1000
Mikrowellen (Radar)	MW	1000 - 1×10^6

Die Hauptquelle der auf die Erde einfallenden elektromagnetischen Strahlung ist die Sonne. Das Energiespektrum der Sonne ist in etwa identisch mit dem eines Schwarzkörpers bei 5 900 K. Bei Aufnahmen im Bereich des NUV bis NIR-II (0,315-3,0 µm) wird die auf die Erdoberfläche einfallende und dort reflektierte Sonnenstrahlung registriert. Nach dem Durchgang der Sonnenstrahlung durch die Erdatmosphäre steht nicht mehr das lückenlose Spektrum zur Verfügung. Die Strahlung wird durch die Wechselwirkung mit den Gasen, Partikeln und sonstigen Bestandteilen in der Atmosphäre geschwächt (Streuung, Absorption, Reflexion). Das führt dazu, daß das ursprüngliche Strahlungsspektrum zum Teil erheblich deformiert wird *(Abb. 2.1)*. Der Vergleich der Energiespektren vor und nach Durchgang durch die Atmosphäre zeigt, daß die intensivsten Deformationen durch Absorption an dem in der Atmosphäre vorhandenen Wasser und Kohlendioxid bei 1,4 µm, 1,9 µm und 2,5 µm bis 3,0 µm erfolgen, womit entweder keine oder nur Bruchteile der Sonnenstrahlung an die Erdoberfläche gelangen. Strahlung aus diesen Bereichen des elektromagnetischen Spektrums steht für die Fernerkundung der Erdoberfläche aus Flugzeugen oder Satelliten grundsätzlich nicht zur Verfügung.

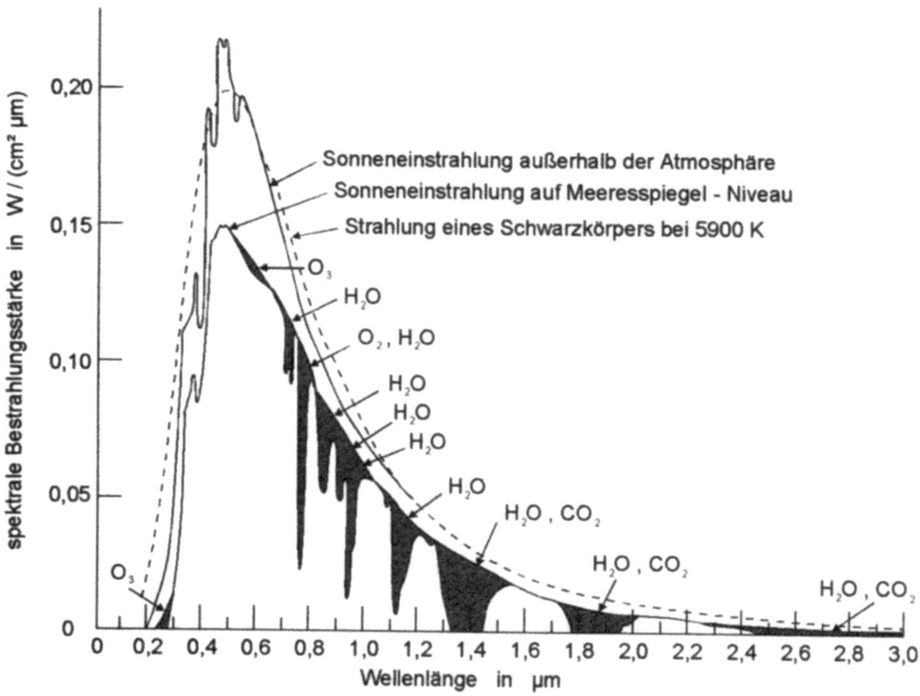

Abb. 2.1: Energiespektren der Sonneneinstrahlung außerhalb und nach Durchlauf durch die Atmosphäre sowie eines Schwarzkörpers bei 5900 K mit Hervorhebung der Strahlungsabsorption in der Atmosphäre (umgezeichnet nach KRONBERG, 1985)

Die einfallende Sonnenstrahlung wird je nach Beschaffenheit der Geländeoberfläche absorbiert und reflektiert (gerichtet oder diffus). Eine Strahlungstransmission ist grundsätzlich auch möglich. Sie spielt bei der Erkundung der festen Erdoberfläche eine untergeordnete Rolle, ist jedoch bei der Untersuchung von Gewässereigenschaften zu beachten. Die Anteile von Reflexion, Absorption und Transmission der auf die Erdoberfläche einfallenden Strahlung hängen von den stofflichen, strukturellen und texturellen Eigenschaften der Geländeoberfläche ab. Fernerkundungssysteme erfassen die nach Wechselwirkung mit der Materie an der Erdoberfläche veränderte bzw. entstehende Strahlung, womit sich die Eigenschaften der Erdoberfläche automatisch in den Daten oder Bildern eines Fernerkundungssystems widerspiegeln. Der Auswerter nutzt die Widerspieglung typischer Eigenschaften der Erdoberfläche in den Daten (Bildern) zur Kartierung und Beurteilung eines Geländes.

Aus freien Ladungsträgern bestehende Systeme, dazu gehören die Materialien, aus denen Böden, Gesteine, Wasser und Pflanzen zusammengesetzt sind, sind stets durch einen bestimmten Energiestatus charakterisiert. Die Energie für den Übergang von einem Energiestatus in einen anderen wird aus der auf die Materie einfallenden Strahlung bezogen, was die Absorption von Teilen dieser Strahlung bewirkt. Die Folge ist eine Erwärmung der Materie bei gleichzeitiger Abgabe von Wärmestrahlung.

Die Abstrahlung oder Emission von Wärme- oder Thermalstrahlung wird für die Geofernerkundung im Spektralbereich ab ca. 3,0 µm interessant (MIR-I). Die Wellenlänge des Strahlungsmaximums ist von der Temperatur des jeweiligen Körpers bzw. Materie-Elementes an der Geländeoberfläche abhängig. Dieser Vorgang kann mit Bezug auf das Strahlungsverhalten eines schwarzen Körpers (black body) erläutert werden. Ein schwarzer Körper absorbiert sämtliche aus dem Halbraum auf ihn einfallende Strahlung. Umgekehrt besitzt die spezifische Ausstrahlung eines schwarzen Körpers für jede Wellenlänge den für einen Strahler maximal möglichen Wert. Die spezifische Ausstrahlung eines schwarzen Körpers als Funktion seiner Temperatur wird durch das Stefan-Boltzmann-Gesetz beschrieben. Wie *Abb. 2.2* zeigt, verschiebt sich das Strahlungsmaximum eines schwarzen Körpers mit steigender Temperatur in Richtung kürzerer Wellenlängen.

Die temperaturbedingte Lage der Strahlungsmaxima eines schwarzen Körpers erklärt die Möglichkeiten zur differenzierten Nutzung von elektromagnetischer Strahlung in der Geofernerkundung. Die Sonne strahlt auf Grund ihrer Temperatur von ca. 5 900 K mit einem Energiemaximum im sichtbaren Licht (VIS) bei 0,48 µm auf die Erdoberfläche ein. Die weitaus kältere Erdoberfläche mit einer mittleren Temperatur von 300 K hat dagegen ihr Strahlungsmaximum bei etwa 9,7 µm. Das bedeutet, daß eine Erfassung der von der Erdoberfläche ausgehenden natürlichen Thermal- oder Wärmestrahlung am sensibelsten im Spektralbereich von ca. 8 - 12 µm möglich ist.

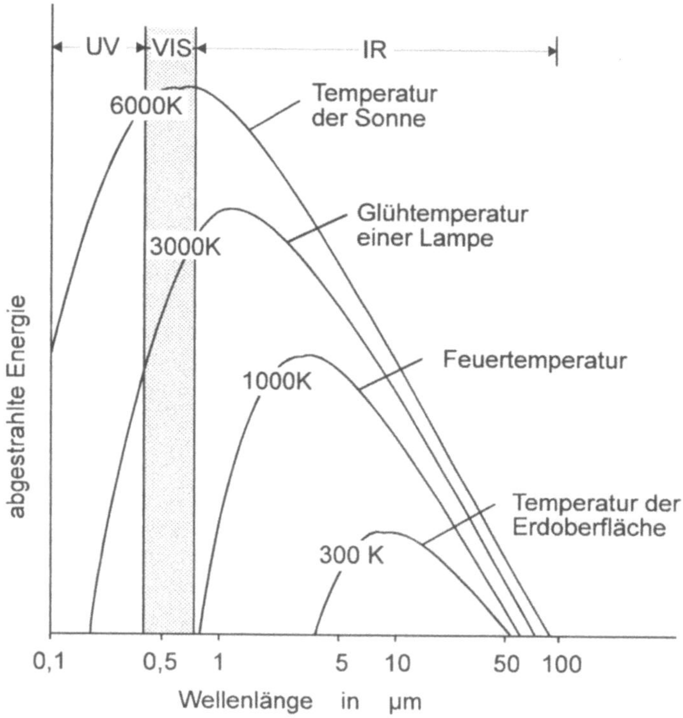

Abb. 2.2: Spektrale Verteilung der Strahlungsenergie eines schwarzen Körpers in Abhängigkeit von seiner Temperatur (nach GUPTA, 1991)

Die in der Regel relativ schwachen Temperaturanomalien als Folge von Veränderungen der Bodensubstrate, der Bodenfeuchte oder von Schadstoffkonzentrationen werden sich damit am differenziertesten in diesem Spektralbereich lokalisieren lassen. Thermalscanner sind folgerichtig für Aufnahmen im Spektralbereich von ca. 8 - 12 µm sensibilisiert. Demgegenüber bietet sich für die Untersuchung glühender Oberflächen, beispielsweise der Abstrahlung eines Hochofens oder der Strukturen von Lavaströmen, der Strahlungsbereich von 3 µm bis etwa 5 µm an.

Wie im sichtbaren Bereich und im nahen Infrarot werden Teile der Strahlung des mittleren Infrarot auf dem Weg von der Erdoberfläche zum Sensor von Bestandteilen der Atmosphäre absorbiert. Ausgeprägte Absorptionsbanden liegen zwischen 5 µm und 8 µm sowie 13 µm und 30 µm. Das bedeutet, daß auch diese Abschnitte des elektromagnetischen Spektrums für die Fernerkundung grundsätzlich nicht nutzbar sind. Besonderheiten der Nutzung von Thermalstrahlung werden im Kapitel 4.1 und in Verbindung mit den Fallstudien im Kapitel 6.3 erläutert.

3 Gewinnung von Fernerkundungsdaten im Überblick

3.1 Satellitengestützte Aufnahmeverfahren

Aufnahmen satellitengestützter Fernerkundungssysteme werden in erster Linie zur Erfassung größerer räumlicher Zusammenhänge verwendet (BARRETT & CURTIS, 1992, THEILEN-WILLIGE, 1993). Für die detaillierte Erfassung und Beschreibung kleinerer Objekte an der Erdoberfläche reicht das geometrische Auflösungsvermögen der satellitengestützten Fernerkundungssysteme im allgemeinen nicht aus (vgl. *Tabelle 3.1*). Erfahrungsgemäß gilt diese Feststellung auch für die Deponien. Hochauflösende Satellitenbilder (SPOT, MOMS, KFA-1000, KWR-3000) können durchaus mit Angaben zur Ausdehnung und Strukturierung der Abfallablagerungen als auch zur landschaftlichen Charakterisierung des jeweiligen Standortes beitragen *(Abb. 3.1)*. Damit kann aber in keinem Falle die Auswertung von hochauflösenden Flugzeugdaten ersetzt werden.

Grundsätzlich unterscheiden sich die Satellitensysteme, abgesehen von der größeren Entfernung zwischen Sensor und Untersuchungsobjekt sowie der Art und Weise des "Datentransportes" zur Erde, nur unwesentlich von den in Flugzeugen betriebenen Systemen. Sie sind in ihrem Aufbau und ihrer Wirkungsweise mit den im Kapitel 3.2 beschriebenen flugzeuggestützten Aufnahmesystemen vergleichbar.

Satellitenphotos können wie Luftbilder ausgewertet werden. Grundsätzliche Unterschiede zu Luftbildern bestehen lediglich in den geringeren Bodenauflösungen und den größeren Blickfeldern, verbunden mit größeren Generalisierungseffekten bei kleineren Maßstäben. Bei Überlappung der Bilder eines Überfluges sind auch stereoskopische Auswertungen möglich. Aufnahmen photographischer Satellitensysteme können bei Bedarf über Vertriebsorganisationen als Film- oder Papierkopien bezogen werden (vgl. STRATHMANN, 1993). Auf Anforderung werden auch Digitalisierungen auf Magnetband oder Weiterverarbeitungen in Form von Satellitenbildkarten im Format topographischer Karten bis zum Maßstab 1:10 000 angeboten. Die Karten dienen mehr Planungszwecken als thematischen Auswertungen.

Daten nichtphotographischer Systeme (LANDSAT TM, SPOT, ERS-1 u.a.) sind neben Abspielungen auf Magnetband, optical discs u.ä. auch als Hardcopies standardisierter Verarbeitungen erhältlich. Erfahrungsgemäß ist die optimale Ausschöpfung der in den Daten enthaltenen thematischen Informationen nur möglich, wenn der jeweilige thematische Nutzer (z.B. Geologe, Geograph, Forstexperte) an der Weiterverarbeitung der Ausgangsdaten beteiligt ist und direkten Einfluß auf die einzelnen Schritte der Bildverarbeitung nimmt. Dazu ist allerdings der Zugang zu einer Rechenanlage für die Bildverarbeitung Voraussetzung.

Von Nachteil bei der Arbeit mit Satellitendaten ist, daß meist auf die in den Archiven vorhandenen Daten zurückgegriffen werden muß. Dabei ist in Kauf zu nehmen, daß Archivdaten nicht immer den aktuellen Zustand eines Geländes repräsentieren. Die zielgerichtete Bestellung einer Überspielung vom Satelliten zur Bodenstation ist möglich. Da der Überflug eines bestimmten Gebietes in Abständen von mehreren Tagen erfolgt, werden hier durch die meteorologischen Bedingungen in Mitteleuropa meist Grenzen gesetzt. Landsat Thematic Mapper ist beispielsweise in der Lage, die gesamte Erdoberfläche alle 16 Tage mit Aufnahmen abzudecken.

Abb. 3.1: Deponien Schöneiche und Schöneicher Plan südlich der Stadt Mittenwalde bei Berlin auf einer Spot-Szene vom 25. August 1990 (Szenenausschnitt, panchromatischer Modul, vgl. *Tabelle 3.1*); (Abdruck mit freundlicher Genehmigung des FPK Ingenieurbüro für Fernerkundung, Photogrammetrie und Kartographie GbR, Berlin)

Tabelle 3.1: Übersicht über die gegenwärtig wichtigsten kommerziell nutzbaren Satelliten-Fernerkundungssysteme

Satellit (Land)	Bodenauflösung (Pixel-Größe)	System	Spektralbereich
Landsat Thematic Mapper (TM) (USA)	30mx30m 120m TIR[1]	Multispektral-Scanner[2]	0,45- 0,52 µm 0,52- 0,60 µm 0,63- 0,69 µm 0,76- 0,90 µm 1,55- 1,75 µm 10,40-12,50µm 2,08- 2,35 µm
Spot (Frankreich)	20mx20m (multispektral) 10mx10m (panchromatisch)	Pushbroom-scanner	0,50- 0,59 µm 0,61-.0,68 µm 0,79- 0,89 µm 0,51- 0,73 µm
Kosmos/ KFA-1000 (Rußland)	5mx5m	Photokamera	panchromatisch spektrozonal[3]
KWR-3000 (Rußland)	1,5mx1,5m	Photokamera	panchromatisch
Seasat (USA)	25mx25m	Radar[2]	23,5 cm
ERS-1 (EU)	12,5mx12,5m	Radar[2]	3,6 cm
JERS-1[4] (Japan)	18mx18m	Radar[2]	23,0 cm
	18mx24m	Multispektral-Scanner[2]	0,52- 0,60 µm 0,63- 0,69 µm 0,76- 0,86 µm[5] 0,76- 0,86 µm[5] 1,60- 1,71 µm 2,01- 2,12 µm 2,13- 2,25 µm 2,27- 2,40 µm

[1] TIR: Thermales Infrarot

[2] Technische Erläuterungen s. Abschnitt 3.2.2

[3] Spezieller russischer Zweischicht-CIR-Film

[4] nach ERSDAC (Earth Resources Satellite Data Analysis Center)

[5] Stereo-Paar

3.2 Flugzeuggestützte Aufnahmeverfahren

3.2.1 Luftbilder

Beim Gebrauch des Begriffes Geofernerkundung wird im allgemeinen zuerst an moderne Sensoren wie optisch-elektronische Scanner oder Radarapparaturen gedacht. Das normale photographische Luftbild wird dabei oft außer acht gelassen, obwohl der Luftbildfilm ebenfalls ein "Sensor" ist, auf den die einleitend vorgenommene Umschreibung des Begriffes Geofernerkundung zutrifft. Gerade das Luftbild ist wegen seiner geringen Herstellungskosten, einfachen Handhabbarkeit, der nicht notwendigen Bindung an die immer noch verhältnismäßig aufwendigen Prozeduren einer digitalen Bildverarbeitung und schließlich seines hohen Informationswertes wegen nach wie vor das Hauptarbeitsmittel zur Lösung vielseitiger geowissenschaftlicher Aufgabenstellungen. Darüber hinaus kann das Luftbild auch ohne vordergründigen Anspruch auf die Klärung komplizierter Zusammenhänge dazu beitragen, die Besonderheiten eines Geländes schneller zu erfassen, Marschrouten zu planen und Geländearbeiten zielgerichtet anzusetzen (BÖKER & KÜHN, 1992).

Luftbildkameras, vielfach auch als Luftbildmeßkammern oder Reihenmeßkammern bezeichnet, unterscheiden sich in ihrem grundlegenden Aufbau nicht von den herkömmlichen photographischen Kameras mit Objektiv, Verschluß und Film. Der mechanische und elektronische Aufwand zur Gewährleistung präziser Bildflüge ist jedoch ungleich höher. Beispielsweise wird bei modernen Luftbildkameras der gesamte Bildflug elektronisch gesteuert und kontrolliert. Die Kopplung an GPS (**G**lobal **P**ositioning **S**ystem) ermöglicht eine präzise Navigation und die exakte Einhaltung der vorgegebenen Bildflug-Trassen.

In den siebziger und achtziger Jahren wurden auch photographische multispektrale Kameras in Flugzeugen oder Satelliten eingesetzt (COLWELL, 1983; KÜHN & OLEIKIEWITZ, 1983). Diese haben sich aber auf Grund ihrer aufwendigen Handhabung, der spektralen Verzerrungen in Abhängigkeit vom Winkel des auf die Kameraobjektive und Filter einfallenden Lichtes sowie der vielfach aufwendigen und ungenauen Auswerteprozeduren nicht behaupten können.

Ein wesentlicher Vorteil von Senkrechtluftbildern ist es, dem Auswerter einen räumlichen Eindruck des jeweiligen Geländes zu vermitteln. Dazu bedarf es der Auswertung von Stereopaaren, wofür eine Überlappung von 60%, in Ausnahmefällen bis 90%, der jeweils benachbarten Bilder einer Luftbildreihe erforderlich ist (*Abb. 3.2 und 3.3*). Zwischen benachbarten Bildflug-Trassen wird eine ca. 35%ige Überdeckung gefordert, um mögliche Lücken auszuschließen, die infolge von Kursschwankungen des Flugzeuges entstehen können. Da der Abstand der Mittelpunkte zweier benachbarter Bilder einer Trasse weit größer ist als der Abstand der menschlichen Augen, erscheint das Geländerelief bei stereoskopischer Betrachtung stark überhöht. Dieses ist ein

Umstand, der vielfach erst die gewünschten Detailinformationen für einen breiten Kreis von umweltorientierten und geologischen Fragestellungen liefert. Beispielsweise können damit Verfüllungen von Hohlformen oder auch Abflußbahnen und Sammelstellen von Sickerwässern aus Deponien sicher erkannt und kartiert werden. Darüber hinaus geben typische Änderungen des Kleinreliefs Hinweise auf den Ausbiß von Häufungen geologischer Trennflächen an der Geländeoberfläche (Klüftung, tektonische Störungen). Weiterhin ermöglichen sie, über untertägigem Altbergbau oder in Subrosionsgebieten ablaufende Senkungsvorgänge zu erfassen.

Gesteinsformationen und Bodentypen sind oft an Farb- oder Grautonänderungen, typischen Formen des Reliefs, bestimmten Vegetationsarten, charakteristischen Formen der Oberflächenentwässerung oder Arten der Landnutzung zu erkennen. Im Grundsatz gilt, daß mit zunehmender anthropogener und technogener Beeinflussung der jeweiligen Landschaft die Schwierigkeit einer geologischen Auswertung von Luftbildern wächst. Bei der Auswertung von Luftbildern für umweltgeologische Untersuchungen treffen diese Einschränkungen nur bedingt zu, da gerade Altlasten eine Folge der Entwicklung von Industrie und Zivilisation sind.

Senkrechtluftbilder für umweltgeologische Verwendungen werden üblicherweise in Maßstäben von 1:20 000 bis 1:5 000 hergestellt. Bei Verwendung eines Kameraobjektives mit einer Brennweite oder Kammerkonstante von 150 mm liegen die dafür erforderlichen Flughöhen zwischen 3 000 m und 750 m über der Geländeoberfläche. Der herkömmliche Luftbildfilm für Bildformate von 23 x 23 cm erfaßt dabei Geländeausschnitte von 4 600 x 4 600 m (Maßstab 1:20 000) bzw. 1 150 x 1 150 m (Maßstab 1:5 000). Die wesentlichen Parameter eines Bildfluges, charakterisiert durch den Luftbildmaßstab M, das Kamerablickfeld B und die Bodenauflösung A_f sind nach folgenden einfachen Formeln zu ermitteln (BORMANN 1981a):

$$M = \frac{c_k}{h_g} = \frac{1}{m_b} \tag{3.1}$$

$$B = \frac{h_g \cdot k}{c_k} \tag{3.2}$$

$$A_f = \frac{h_g \cdot k}{L} \tag{3.3}$$

Dabei sind:

c_k	-	Brennweite oder Kammerkonstante der Luftbildkamera
m_b	-	Bildmaßstabszahl
h_g	-	Flughöhe über dem Gelände
k	-	Kantenlänge des verwendeten Luftbildfilmes (23 x 23 cm üblich)
L	-	Linienauflösungsvermögen des eingesetzten Luftbildfilmes (Herstellerangabe)

Bei der Formel (3.3) für die Berechnung der Bodenauflösung A_f handelt es sich um eine Abschätzung. Bei exakten Berechnungen der Bodenauflösung eines Gesamtsystem "Film/Objektiv" ist eine sogenannte Modulations- oder Kontrastübertragungsfunktion zu berücksichtigen, die den Zusammenhang zwischen Gelände- und Bildkontrasten in Abhängigkeit von den Objektgrößen im Ortsfrequenzbereich beschreibt (BORMANN, 1981b).

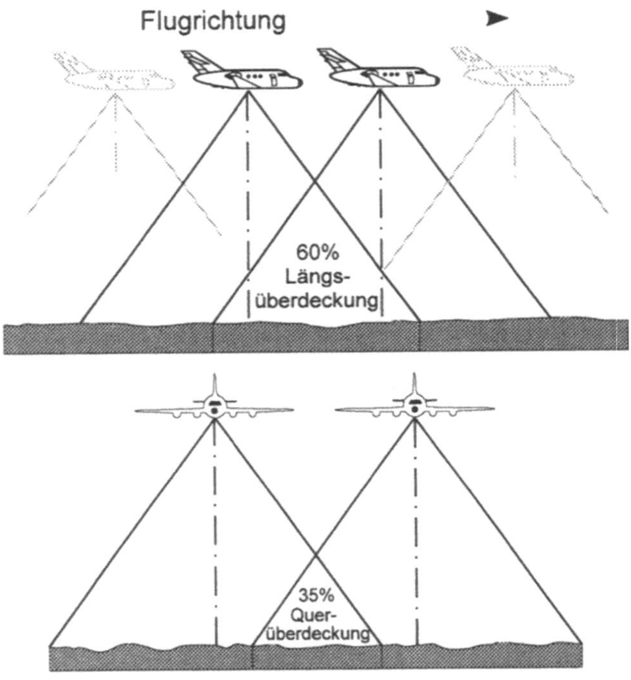

Abb. 3.2: Schematische Darstellung eines Bildfluges mit 60%iger Überdeckung von Bild zu Bild und 35%iger Überdeckung von Trasse zu Trasse; stereoskopische, d.h. räumliche Auswertbarkeit des Luftbildpaares im Bereich der 60%igen Längsüberdeckung (umgezeichnet nach SCHNEIDER, 1974)

Abb. 3.3: Das stereoskopisch auswertbare schwarzweiße Luftbildpaar[6] verrät dem Betrachter, daß sich unter einer heute landwirtschaftlich genutzten Fläche eine ehemalige Deponie befindet (*Bildmitte rechts*); oben ist der verästelte Lauf eines ehemaligen Fließes mit einem verfüllten Bombentrichter (*Buschgruppe*) erkennbar; vgl. auch *Abb. 4.7* (Quelle: Landesvermessungsamt Brandenburg)

Panchromatischer Schwarzweiß-Luftbildfilm:

Luftbildkameras können mit verschiedenen Filmarten geladen werden. Ihre Verwendung richtet sich im allgemeinen nach der mit dem Luftbild zu lösenden Aufgabe. Am gebräuchlichsten ist der schwarzweiße panchromatische Luftbildfilm (SCHNEIDER, 1974). Er wird am häufigsten für geodätische und kartographische Zwecke verwendet, ist aber auch für die Lösung von thematischen Aufgaben einsetzbar. Sein hohes geometrisches Auflösungsvermögen kann beispielsweise bei der großmaßstäblichen Kartierung von fei-

[6] für die Betrachtung der Stereopaare ist ein Taschenstereoskop erforderlich

nen Klüftungen von Nutzen sein. Darüber hinaus sind mit diesem Film sensible Erscheinungen an der Geländeoberfläche erkennbar wie sie unter anderem durch Änderungen von Gesteinstypen, Bodenarten, Bodenfeuchte oder auch als Folge von Altlasten gegeben sein können. In Verbindung mit der stereoskopischen Analyse eines panchromatischen Luftbildpaares ist ein erfahrener Auswerter in der Lage, die Besonderheiten eines Geländes sehr weitgehend zu erfassen und zu bewerten (vgl. *Abb. 3.3*). Bei SCHNEIDER (1974) und KRONBERG (1984) sind zahlreiche Beispiele für das außerordentlich breite Spektrum von Anwendungen des panchromatischen Luftbildfilmes zu finden.

Infrarotfilm:

Der Schwarzweiß-Film kann bei Bedarf über den sichtbaren Bereich des Lichtes hinaus bis in das nahe Infrarot sensibilisiert werden. Das nahe Infrarot (NIR-I) ist mit dem photographischen Film bis etwa 0,9 µm erfaßbar. Diese auch als photographisches Infrarot bezeichnete Strahlung ist nicht mit dem thermalen Infrarot zu verwechseln, welches für die Herstellung sogenannter Wärme- oder Thermalbilder im Spektralbereich von etwa 8 - 12 µm genutzt wird (*Tabelle 2.1*). Der Infrarotfilm wird vor allem zur Erfassung und Untersuchung von Erscheinungen eingesetzt, die mit Feuchteänderungen an der Erdoberfläche oder mit der Ausbildung und dem Zustand der Pflanzendecke in Verbindung stehen. Auf Grund der intensiven Absorption von Strahlung im nahen Infrarot durch Wasser reagiert dieser Film sehr sensibel auf Feuchteänderungen an der Erdoberfläche. Dagegen bewirkt vitale Vegetation im gleichen Strahlungsbereich eine intensive Reflexion der einfallenden Strahlung. Für Biotop-Kartierungen und Beurteilungen des Vitalitätszustandes von Pflanzen wurde der schwarzweiße Infrarotfilm inzwischen weitgehend vom Colorinfrarotfilm verdrängt.

Color-Luftbildfilm und Colorinfrarot-Luftbildfilm:

Für die Wiedergabe eines Geländes in den gewohnten Farben werden Color-Luftbildfilme verwendet (vgl. *Abb. 3.5*). Der Color-Luftbildfilm besteht aus drei lichtempfindlichen Schichten für die Farben Blau, Grün und Rot.

Tauscht man die blaue gegen eine infrarotempfindliche Schicht aus, entsteht ein Film, der das Gelände in sogenannten "falschen" Farben abbildet. Durch den Einbau der infrarotempfindlichen Schicht wird erreicht, daß der Film auf die intensive Reflexion von Strahlung im nahen Infrarot (NIR-I) durch die Vegetation reagiert (vgl. *Abb. 5.4*). Im Ergebnis der photographischen Umkehrentwicklung des Filmes wird chlorophyllreiche Vegetation in kräftigen roten Farben wiedergegeben, was als typisches Merkmal dieses Filmes gilt. Bei dieser Farbkombination ist von Vorteil, daß sich Vegetation in der Farbe Rot weitaus differenzierter erfassen läßt, als es beispielsweise mit einem Farbfilm möglich ist. Des weiteren entstehen auf Grund der geringen Streuung von Infrarotstrahlung in der Atmosphäre und der Unterdrückung des blauen Streulichtes mittels Gelbfilter auch bei größeren Flughöhen scharfe und kontrastreiche Bilder.

Der Colorinfrarot (CIR)- oder Farbinfrarot-Luftbildfilm hat sich inzwischen für einen breiten Kreis von thematischen Kartierungen als unverzichtbar erwiesen. Vor allem im Rahmen umweltorientierter Kartierungen findet der CIR-Luftbildfilm wegen seiner Eigenschaft, sehr sensibel auf Veränderungen der Vitalität von Pflanzen zu reagieren, eine breite Anwendung. Die Vorgehensweise bei der Kartierung des Vitalitätszustandes von Bäumen im Umfeld einer Deponie nach CIR-Luftbildern wird im Abschnitt 6.3.2.3.2 beschrieben.

Als Beispiel für ein CIR-Luftbild wurde eine Aufnahme der Deponie Vorketzin westlich Berlins ausgewählt *(Abb. 3.4)*. Die Aufnahme vom 28. Juli 1990 zeigt den nördlichen Deponieabschnitt und Teile des westlichen Vorfeldes der Deponie. Mit der Deponierung von Abfällen wurde in Vorketzin weit vor dem Zweiten Weltkrieg begonnen. Zur Abfallverkippung wurden bereits damals wassergefüllte Restlöcher von Tongruben ehemaliger Ziegeleien genutzt. In der Folgezeit wurde die Verkippung auf große Teile der ehemaligen Ziegeleitongruben ausgedehnt. Ein Handlungsbedarf für umweltgeologische Erkundungen ergab sich aus den besonderen geologischen Bedingungen unter der Deponie. Auf Grund des geringen Flurabstandes zum ersten unbedeckten Grundwasserleiter sowie der über größere Flächen abgebauten tonigen Schichten unter der heutigen Deponie war eine verstärkte Schadstoffmigration in das Umfeld nicht auszuschließen.

Das CIR-Luftbild zeigt auch ohne technische Hilfsmittel das breite Angebot an Informationen zum Zustand der Deponie und ihres Umfeldes. Das sind beispielsweise Informationen über die Art und Weise der Abfalldeponierung. Des weiteren liefert geschädigte Vegetation, in der Regel erkennbar am stufenweisen Übergang der kräftigen roten Farben in graue, weißliche Farbtöne, Hinweise auf mögliche Wege des Schadstofftransportes von der Deponie in das Umfeld. Änderungen des blauen Farbtones der an die Deponie angrenzenden Gewässer sind auf unterschiedliche Grade der Eutrophierung[7] zurückzuführen. Das hellere Blau in der rechten Bildmitte weist auf Bereiche mit verstärkter Algenbildung hin. Diese wird durch die Lösung und den Abtransport von Nährstoffen aus dem Deponiekörper mit dem oberflächennahen Grundwasser in südöstliche Richtung unterstützt. Einige der heute noch sichtbaren Restlöcher der ehemaligen Tongewinnung werden durch undurchlässige tonige Barrieren von den übrigen mit der Deponie in Verbindung stehenden Gewässern abgetrennt. Hier ist die dunkelblaue bis schwarze Färbung des Wassers ein Anzeichen dafür, daß ein Nährstofftransport in diese Bereiche entweder stark gemindert oder nicht erfolgt (vgl. *Abb. 4.14*).

[7] übermäßige Zufuhr von Pflanzennährstoffen in ein Gewässer

Abb. 3.4: CIR-Luftbild der Deponie Vorketzin in Brandenburg; Aufnahmemaßstab 1:5000, (Aufnahme am 28. Juli 1990 durch Berliner Spezialflug, Luftbild GmbH, Abdruck mit freundlicher Genehmigung des Auftraggebers, Gesellschaft für Umwelt- und Wirtschaftsgeologie mbH, Berlin)

Für bestimmte Aufgaben können auch Schrägluftbilder Verwendung finden, insbesondere dann, wenn schnelle Übersichten über größere Räume gewünscht werden. Solche Forderungen kommen in der Anfangsphase von geländebezogenen Projekten vor. Hierbei ist es oft hilfreich, wenn die Besonderheiten eines Geländes, welche die inhaltliche und zeitliche Planung eines Projektes maßgeblich beeinflussen, bekannt sind.

Die Color-Schrägaufnahme in *Abb. 3.5* zeigt einen Geländeabschnitt am Rand des Restloches des ehemaligen Uranerz-Tagebaues Lichtenberg im Südwesten der ostthüringischen Stadt Ronneburg. Besser als es eine einzelne

Senkrechtaufnahme vermag, vermittelt das Schrägbild einen Eindruck von der Dimension der Umweltbelastung in der betroffenen Region. So sind im Schrägbild neben alten Bergbauanlagen auch Halden und zahlreiche Deponien, zum Teil mit Becken für Flüssigabfälle, zu sehen. Zur genauen Kartierung der Belastung der Region infolge des jahrzehntelangen Uranerzbergbaus kann nur über eine professionelle Auswertung von Senkrechtaufnahmen beigetragen werden. Das Schrägbild ist aber bestens geeignet, eine erste Übersicht über die Vielschichtigkeit der bestehenden Bergbau-Altlasten und den Umfang des bestehenden Handlungsbedarfes zu liefern.

Abb. 3.5: Schrägluftbild aus ca. 350 m Höhe vom Umfeld des ehemaligen Uranerztagebaues Lichtenberg bei Ronneburg/Thüringen mit alten Bergbau-Anlagen, Kippen, Spülbecken für Flüssigabfälle u. a. Belastungen (Aufnahme: F. Böker, F. Kühn, BGR, 3. September 1991)

Archiv-Luftbilder:

Neben den Landesvermessungsämtern sind Bundesbehörden, kommunale Verwaltungen, Luftbildfirmen, militärische Einrichtungen, private Datenbanken und Nutzerfirmen im Besitz von Luftbildarchiven. Übersichten zu Luftbildarchiven finden sich bei ALBERTZ (1991) und STRATHMANN (1993).

Bei einer Altlastenerkundung wird zumeist mit Recherchen in Archiven begonnen, um anhand von älteren Luftbildern die historische Entwicklung des interessierenden Geländes zu rekonstruieren. Zu den wichtigsten Quellen gehören die Archive der Landesvermessungsämter. Im Auftrag der Landesvermessungsämter werden seit den fünfziger Jahren regelmäßig, meist in Abständen von etwa fünf Jahren, Luftbildflüge zur Laufendhaltung des topographischen Kartenbestandes durchgeführt. Hinsichtlich der Verfügbarkeit der Luftbilder gibt es Unterschiede zwischen den neuen und alten Bundesländern. Beispielsweise sind Aufnahmen aus Bildflügen, die in der ehemaligen DDR in den fünfzigern bis in die achtziger Jahre stattgefunden haben, auch im Bundesarchiv, Abteilung Potsdam vorhanden.

Ein großer Teil der in den dreißiger Jahren durchgeführten Luftbildbefliegungen fand Umsetzung in Luftbildkarten im Blattschnitt der topographischen Karten 1:25 000 (Reichsluftbildkarte). Diese Luftbildkarten sind für große Teile Deutschlands bei der Bundesanstalt für Landeskunde und Raumordnung in Bonn vorhanden und stehen ohne Einschränkung für Nutzungen zur Verfügung. Ihr Nachteil besteht darin, daß eine stereoskopische Auswertung nicht möglich ist.

Weitere wichtige Quellen historischer Luftbilder sind die Archive der amerikanischen und britischen Luftaufklärung. Unter dem Begriff der Kriegsluftbilder werden in der Regel Bilder aus der Zeit des Zweiten Weltkrieges verstanden. Grundsätzlich existieren auch Luftbilder, die während des Ersten Weltkrieges hergestellt wurden, wenn auch in weit geringerem Umfang (*Abb. 3.6*).

Eine außerordentlich intensive Luftaufklärung wurde während des Zweiten Weltkrieges im Zusammenhang mit der Bombardierung von Zielen in Deutschland betrieben. Die Kriegsluftbilder dienten zur Ziel- und Trefferaufklärung in Verbindung mit Kampfhandlungen (*Abb. 3.7*). Während Luftbilder aus Vermessungsflügen ein Gelände flächenhaft abdecken, sind die Kriegsluftbilder im allgemeinen durch abrupt wechselnde, eher linienhafte Flugstreckenverläufe mit räumlich voneinander abgesetzten Bildfluggebieten charakterisiert (vgl. DECH et al., 1991). Zu fast allen Aufklärungsflügen existieren Dokumente, sogenannte "Target Information Sheets", die Zielstellungen und Ergebnisse eines jeden Aufklärungsfluges vor oder nach Bombereinsätzen beschreiben (vgl. auch Kap. 6.2). Diese Dokumente liefern relativ sichere Angaben zu den damaligen Aufklärungszielen. Im allgemeinen ist daraus auch ableitbar, welche Substanzen bei der Zerstörung eines Rüstungsbetriebes oder einer chemischen Fabrik in den Boden gelangt und dort bis heute als gefährliche Altlasten zurückgeblieben sein können.

Abb. 3.6: Amerikanische Kriegsluftbilder, Erster Weltkrieg (1919): Am Rhein bei Andernach wurde die Lagerung und Verladung von Rüstungsgütern photographiert; Abgrabungen und Deponien am Rande des Industriegebietes machen diese Bilder auch heute noch für die Untersuchung von Altlasten interessant (Schrägbild/oben vom 20. Mai 1919, Senkrechtbild/unten vom 23. Mai 1919); (Abdruck mit freundlicher Genehmigung der Luftbilddatenbank in Würzburg)

Abb.3.7: Kriegsluftbild, Zweiter Weltkrieg (24. März 1945): Das Luftbild zeigt einen zerstörten Industriekomplex im Ruhrgebiet (Dortmund/Nord); evtl. aus den zerstörten Industrieanlagen in den Boden gelangte Schadstoffe sowie in Bombentrichter und Abgrabungen verkippte Substanzen und Gegenstände stellen Altlastverdachtsflächen mit hohen Gefährdungspotentialen dar (Abdruck mit freundlicher Genehmigung der Luftbilddatenbank in Würzburg)

In den Archiven der amerikanischen und britischen Luftaufklärung sind zum Teil auch Luftbildserien zu finden, die von deutschen Fliegern vor und während des Zweiten Weltkrieges aufgenommen wurden. Auf Archivrecherchen und die Beschaffung von Kriegsluftbildern haben sich vornehmlich private Firmen und Ingenieurbüros spezialisiert.

Eine der "klassischen" Aufgabenstellungen für die Auswertung von Kriegsluftbildern besteht in der Kartierung von Bombentrichtern. Diese wurden unmittelbar nach dem Ende des Krieges oft im Rahmen ungeordneter Kampfmittelbeseitigungen verfüllt, so daß auch heute noch ernsthafte Gefahren durch Blindgänger oder Chemikalien bestehen können. Darüber hinaus können Kriegsluftbilder für die Untersuchung von Deponiestandorten wichtige Informationen liefern. Beispielsweise haben einige noch heute betriebene Deponien ihren Ursprung in der Verkippung von Schutt auf zerstörten Industrie- und Rüstungsstandorten. Für nachträgliche Gefährdungsabschätzungen ist es häufig hilfreich, wenn nach Kriegsluftbildern der Zustand und die Verhältnisse an der Basis von Deponien rekonstruiert werden können (vgl. Kap. 6.2). Ein Beispiel für einen solchen Tatbestand ist das Kriegsluftbild in *Abb. 3.7*. Inmitten einer Bombentrichter-Landschaft sind neben den zerstörten Industrieanlagen größere Abgrabungen zu erkennen. Hier ist nicht auszuschließen, daß bei der Beräumung der Fläche Gegenstände und Substanzen mit einem hohen Gefährdungspotential in Bombentrichter und Abgrabungen verkippt wurden. Für die dringend erforderliche Überprüfung solcher Bereiche sind diese Luftbilder eine wichtige und meist die einzige Informationsquelle.

Das zeitliche Bindeglied zwischen den Kriegsluftbildern und den Vermessungsbildflügen, die die Vermessungsämter beider Teile Deutschlands ab Mitte der fünfziger Jahre wieder begannen, bilden Nachkriegsbefliegungen der Alliierten des Zweiten Weltkrieges. Aus diesen Befliegungen liegen flächendeckende Aufnahmen vor. Deren Beschaffung und Bereitstellung erfolgt wie bei den Kriegsluftbildern in erster Linie durch Firmen und Archive.

3.2.2 Nichtphotographische Aufnahmeverfahren

3.2.2.1 Einführung

Anstelle von lichtempfindlichen Filmen registrieren die nichtphotographischen Aufnahmesysteme die ankommende elektromagnetische Strahlung mit Hilfe von Halbleiter-Detektoren oder speziellen Antennen. Während bei den optisch-elektronischen Scannern die Anordnung der Halbleiter-Zeilen in der Brennebene des Systems noch Ähnlichkeiten mit dem Aufbau einer Luftbildkamera erkennen läßt, arbeiten optisch-mechanische Scanner und Radar-Apparaturen nach grundsätzlich anderen Prinzipien.

Nichtphotographische Fernerkundungssysteme besitzen gegenüber den konventionellen Luftbildkameras folgende grundsätzliche Vorteile:

- Fähigkeit zur Registrierung der an Objekten auf der Erdoberfläche reflektierten oder emittierten Strahlung über den sichtbaren und nahen infraroten Bereich des Lichtes hinaus (UV, Wärme- bzw. Thermalstrahlung, Mikrowellenstrahlung und Radarwellen),
- Möglichkeit zur unmittelbaren Registrierung und Speicherung der gewonnenen Daten in digitaler Form auf Platten- oder Bandspeichern und zur Nutzung aller Möglichkeiten der Datenverarbeitung,
- Möglichkeit zur Datenübertragung vom Sensor zu einer Bodenstation (Sofortzugriff auf die Daten),
- Fähigkeit zur Erfassung stofflicher Eigenschaften der Materialien an der Erdoberfläche durch Strahlungsregistrierung in sehr engen Spektralbändern.

Die mit nichtphotographischen Fernerkundungssystemen gewonnenen Daten haben gegenüber den konventionellen Luftbildern meist noch den grundsätzlichen Nachteil der geringeren Bodenauflösung. Für eine optimale Nutzung dieser Daten bieten sich kombinierte Auswertungen und Interpretationen mit konventionellen Luftbildern an. Erschwerend für gelegentliche Nutzer ist die vielfach notwendige Bindung der nichtphotographischen Daten an Systeme zur digitalen Bildverarbeitung, welche vielfach nur bei den auf die Auswertung von Fernerkundungsdaten spezialisierten Firmen und Instituten vorhanden sind.

Zu den theoretischen Grundlagen und den technischen Prinzipien nichtphotographischer Aufnahmesysteme gibt es ausführliche Abhandlungen in einer Reihe von Publikationen. Die nachfolgenden Erläuterungen sind im Sinne eines Überblickes über diese Verfahren zu sehen. Sie werden dort etwas ausführlicher gestaltet, wo sich sinnvolle Anwendungen im Rahmen der Deponieerkundung anbieten. Für umfassendere Ausführungen, auch zu den hier nicht genannten Systemen (Lidar, passive Mikrowellen, ...), wird auf Arbeiten von COLWELL (1983), KRONBERG (1985), SABINS (1987), GUPTA (1991), ALBERTZ (1991) und anderen verwiesen.

3.2.2.2 Optisch-mechanische Scanner

Optisch-mechanische Scanner erzeugen Bilder der Erdoberfläche durch zeilenweises Abtasten eines Geländestreifens. In der englischsprachigen Literatur werden diese Scanner vielfach auch als Whiskbroom Scanner bezeichnet. Die optisch-mechanischen Scanner bestehen aus drei Teilsystemen (*Abb.3.8*),

- dem optisch-mechanischen Scansystem (Abtastsystem),
- der Detektoreinheit und
- dem System zur Bild- bzw. Datenregistrierung.

Das Grundelement des **optisch-mechanischen Scansystems** ist ein um 45° geneigter Spiegel, der das Gelände quer zur Flugrichtung mit einer bestimmten Frequenz rotierend oder schwingend abtastet (Scanvorgang). Die Größe des vom Scanspiegel in einem Moment des Aufnahmevorganges erfaßten Bodenauflösungselementes wird als "**I**nstantaneous **F**ield **o**f **V**iew", abgekürzt **IFOV** (momentanes Blickfeld), bezeichnet. Das IFOV ergibt sich aus der Größe einer quadratischen oder kreisförmigen Lochblende und definiert in Verbindung mit der Flughöhe und der Winkelauflösung die Größe des Bodenauflösungselementes (Pixel) eines Scanners. Die Winkelauflösung liegt bei den meisten Scannern zwischen 1 mrad und 2,5 mrad. Ein Scanner mit einer Winkelauflösung von 1,5 mrad, das sind 0,086° (IFOV: 1,5 x 1,5 mrad), erfaßt bei einer Flughöhe über Grund von h_g=1 000 m ein Bodenauflösungselement oder Pixel von 1,5 x 1,5 m. Diese Angaben gelten jeweils für die Mitte des Scanstreifens. Als grobe Faustregel gilt, daß ein Objekt an der Erdoberfläche eine Mindestabmessung (Kantenlänge, Durchmesser) von *A ≈ 2,8 x Pixelkante (Durchmesser)* besitzen muß, damit es auf einem Scannerbild als solches erkannt werden kann (ALBERTZ 1991). Für das zuvor genannte Beispiel (Pixel: 1,5 x 1,5 m; h_g=1000m) ergibt sich danach ein *A* ≈ 4,2 m.

Bei der Planung von Scannerbefliegungen ist oft ein Kompromiß zwischen einer gerade noch akzeptablen Bodenauflösung und der Breite des erfaßbaren Geländestreifens (Scanstreifen oder Bildzeile) zu finden. Bei den Flugzeugscannern treten zu den Rändern des Scanstreifens Verzerrungen des Bodenauflösungselementes (Panoramaverzerrung) auf, welche nachträgliche geometrische Korrekturen verlangen. Bei Satellitenscannern können diese Verzerrungen auf Grund der großen Bahnhöhen in der Regel vernachlässigt werden.

Ein Scanstreifen ist das Ergebnis eines einzelnen Scanvorganges. Die Länge eines Scanstreifens bzw. die Breite des Blickfeldes eines Scanners wird durch den Scanwinkel **FOV** (**F**ield **o**f **V**iew) bestimmt. Dieser liegt üblicherweise zwischen 90° und 120°. Durch die Vorwärtsbewegung des Flugzeuges (oder Satelliten) reiht sich eine Bildzeile an die andere, wodurch ein zusammenhängendes Bild entsteht (*Abb. 3.8 und 3.9*). Stimmt die Synchronisation nicht, dann ist dies an Lücken oder Überlappungen zwischen den einzelnen Scanstreifen erkennbar. Für die Herstellung qualitativ hochwertiger Scannerbilder ist folglich eine exakte Synchronisation zwischen der Scanfrequenz des Spiegels und der Geschwindigkeit des Flugzeuges (oder Satelliten) notwendig. Die Streifenstruktur der Bilder ist meist auch bei einwandfreien Scanneraufnahmen noch feststellbar.

Das vom Boden ausgehende optische Signal gelangt vorbei am Scanspiegel und durch das optische System zur **Detektoreinheit**. In den Detektoren, die für Strahlung vom sichtbaren Licht bis zum thermalen Infrarot sensibilisiert sein können, erfolgt die Umwandlung des optischen Signals in ein elektrisches. Die Intensität des elektrischen Signals wird von der Intensität der einfallenden Strahlung und damit von den Eigenschaften der Geländeoberfläche bestimmt. Üblich sind Multispektralscanner mit bis zu zehn und mehr Kanälen (*Tabellen 3.1 und 3.2*). Dazu werden meist mehrere Detektoren benötigt. Die ankommende Strahlung wird durch ein System von Strahlteilern und Beugungsgittern in Teilspektren zerlegt und speziellen Detektoren zugeleitet. Eine Verwendung verschiedener Detektoren ist erforderlich, da für bestimmte Strahlungsbereiche vom sichtbaren Licht bis hin zur thermalen Strahlung jeweils andere Halbleiterkristalle sensibilisiert sind. Üblich sind Si-Detektoren für den sichtbaren Bereich und das NIR I sowie PbS-Detektoren für das NIR II des elektromagnetischen Spektrums. Ein InSb-Detektor für die Erfassung der Thermalstrahlung im MIR II benötigt im allgemeinen eine Kühlung mit flüssigem Stickstoff .

Im **Bildaufzeichnungssystem** werden die von den Detektoren kommenden elektrischen Signale, zumeist in digitaler Form, auf Magnetband oder anderen Speichermedien aufgezeichnet.

Zu den Nachteilen der optisch-mechanischen Scanner gehört neben der vergleichsweise geringen Bodenauflösung eine größere Störanfälligkeit. Die zahlreichen beweglichen bzw. rotierenden Teile erfordern sehr hohe Justiergenauigkeiten und unterliegen einem höheren Verschleiß. Hinzu kommt neben den Verzerrungen durch den Einfluß der Flugzeugbewegungen auf den Aufzeichnungsvorgang eine Panoramaverzerrung in Richtung der Streifenränder, welche in jedem Falle rechnergestützte Korrekturen verlangen. Auch für die nachfolgende Verarbeitung und Interpretation der Daten sollte ein direkter Zugang zu einem digitalen Bildverarbeitungssystem gegeben sein.

Im Interesse eines optimalen Arbeitsergebnisses sollte vom Auswerter stets Einfluß auf die digitale Verarbeitung der Primärdaten genommen werden. Die Kenntnis der zu lösenden Aufgabenstellung und Kenntnisse der geographischen und geologischen Verhältnisse im Untersuchungsgebiet gehören auch hier zu den wesentlichen Voraussetzungen für einen zielgerichteten Ansatz geeigneter Prozeduren für die digitale Verarbeitung von Scannerdaten.

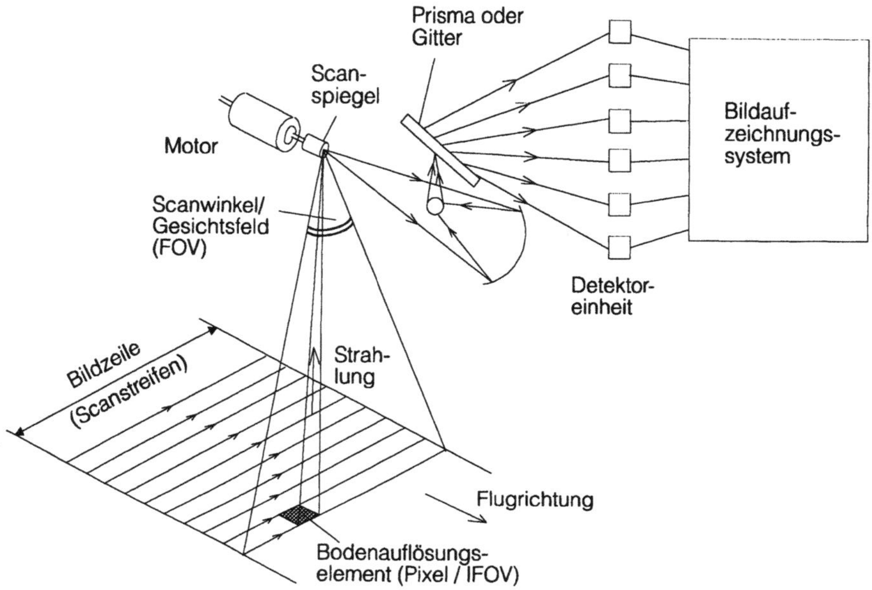

Abb. 3.8: Prinzip eines optisch-mechanischen Scanners, umgezeichnet nach GUPTA (1991)

Tabelle 3.2: Spektrale Kanäle und Bandbreiten des Flugzeugscanners Daedalus AADS-1268 (nach DLR-Unterlagen)

Kanal-Nr.	Spektralbereich	Kanalgrenzen in µm
1	sichtbares Licht	0,420 - 0,450
2		0,450 - 0,520
3		0,520 - 0,600
4		0,605 - 0,625
5		0,630 - 0,690
6		0,695 - 0,750
7	nahes Infrarot (I)	0,760 - 0,900
8		0,910 - 1,050
9	nahes Infrarot (II)	1,55 - 1,75
10		2,08 - 2,35
11	therm. Infrarot	8,5 -13,0

Abb. 3.9: Daedalus-AADS-Scanner-Aufnahme der Deponie Münchehagen in Niedersachsen vom 6. Juli 1989; Aufnahme: DLR Oberpfaffenhofen im Auftrag der BGR; digitale Bildverarbeitung (Hauptkomponenten der Kanäle 3, 4, 5 mit Farben Rot, Grün, Blau): BGR Hannover

Vor allem wegen ihrer Fähigkeit, Thermalbilder von Objekten an der Erdoberfläche aufzunehmen, behaupten sich die optisch-mechanischen Scanner trotz ihres im Grunde überholten technischen Konzeptes noch neben den nachfolgend beschriebenen optisch-elektronischen Scannern. Wie im nachfolgenden Kapitel am Beispiel des GER DAIS-7915 Scanners erläutert ist absehbar, daß im Zuge der fortschreitenden technologischen Entwicklung die kommende Generation der optisch-elektronischen Scanner in der Lage sein wird, auch den thermalen Bereich routinemäßig zu erfassen.

Zu den gegenwärtig am häufigsten eingesetzten multispektralen optisch-mechanischen Flugzeugscannern gehören Scanner der Daedalus-Reihe (*Tabelle 3.2, Abb. 3.9*). Für ausführlichere Erläuterungen zum Aufbau und zur Wirkungsweise optisch-mechanischer Scanner kann unter anderem auf KRONBERG (1985) verwiesen werden.

Für die gezielte Erkundung thermaler Anomalien auf Flächen geringerer Ausdehnung, wie es bei den meisten Arbeiten zur Untersuchung von Deponien und Altlasten gefordert ist, bietet sich der Einsatz kleinerer PC-gesteuerter Aufnahmesysteme an.

Die im Rahmen der Fallstudien vorgestellten Thermalbilder wurden mit einem Thermographie-System "AGEMA 900" aufgenommen. Dabei handelt es sich um ein direkt bilderzeugendes Scansystem, das auch in Kleinflugzeugen bei einem minimalen Aufwand an Bedienung und Wartung betrieben werden kann. Vergleichbare Thermalaufnahmesysteme sind u.a. "Inframetrics", "NEC Thermo Tracer TH 1101".

Der "AGEMA 900"-Scanner arbeitet im Spektralbereich von 8 - 12 µm. Das Gelände wird mit einem 20°-Objektiv (FOV=20°) bei einer Winkelauflösung von 1,5 mrad erfaßt. Der Betrieb des Scanners erfordert eine Kühlung mit flüssigem Stickstoff. Bei längeren Einsätzen kann ein Nachfüllen auch während des Fluges problemlos erfolgen. Da der nicht vollständig geschlossene Stickstoffbehälter ein Kippen des Scanners in die Senkrechte nicht erlaubt, werden die Senkrechtaufnahmen über einen vorgesetzten Umlenkspiegel realisiert. Die Umkehrung der spiegelverkehrt aufgenommenen Thermalbilder erfolgt später mit Hilfe der Auswertesoftware. Die Bedienung des Aufnahmesystems während des Fluges und die Datenspeicherung erfolgen mit einem relativ einfach handhabbaren System-Computer. Auch wenn die vor der Aufnahme im "set up menue" eingestellten Angaben (Emissionsgrad, Lufttemperatur, Bodentemperatur, Luftfeuchtigkeit, ...) nicht genau sind, können nachträgliche Korrekturen unter Zurückgriff auf den primären Dynamikumfang noch durchgeführt werden. Während eines Fluges können auf der Festplatte des Systemcomputers (500 MB) mehr als 5000 Einzelbilder abgespeichert werden. Die *Abb. 3.10* zeigt das Thermographie-System "AGEMA 900" vor dem Einbau in ein einmotoriges Flugzeug vom Typ "Cessna 206".

Die spätere Verarbeitung und Auswertung der Thermalbilder erfolgt mit der gleichen Hard- und Software, die während der Befliegung den Aufnahme- und Speichervorgang steuert. Mit einfach handhabbarer Window-Software sind verschiedene Optionen zur Darstellung des für die jeweilige thematische Aufgabe optimalen Thermalbildes möglich, zum Beispiel Temperaturspreizungen, Berechnungen von Isothermen, Temperaturprofilen, Temperaturspots und Farbcodierungen.

Das Bildbeispiel in *Abb. 3.11* zeigt eine Montage mehrerer mit dem AGEMA-System aufgenommener Thermalbilder vom Westrand der Deponie Schöneicher Plan im Süden Berlins. Der Temperaturkeil am Rande des Bildes gestattet eine Zuordnung der Farben zu Strahlungstemperaturen.

Ausführlichere Darstellungen zu Möglichkeiten und Grenzen der Nutzung der Thermalfernerkundung bei der Erkundung von Deponien enthalten die Kapitel 4 und 6.3.

Abb. 3.10: Thermographie-System "AGEMA 900" vor dem Einbau in eine Cessna 206; von links nach rechts: Scanner mit Umlenkspiegel, Thermos-Gefäß für flüssigen Stickstoff, System-Computer mit Keyboard, Monitor und GPS

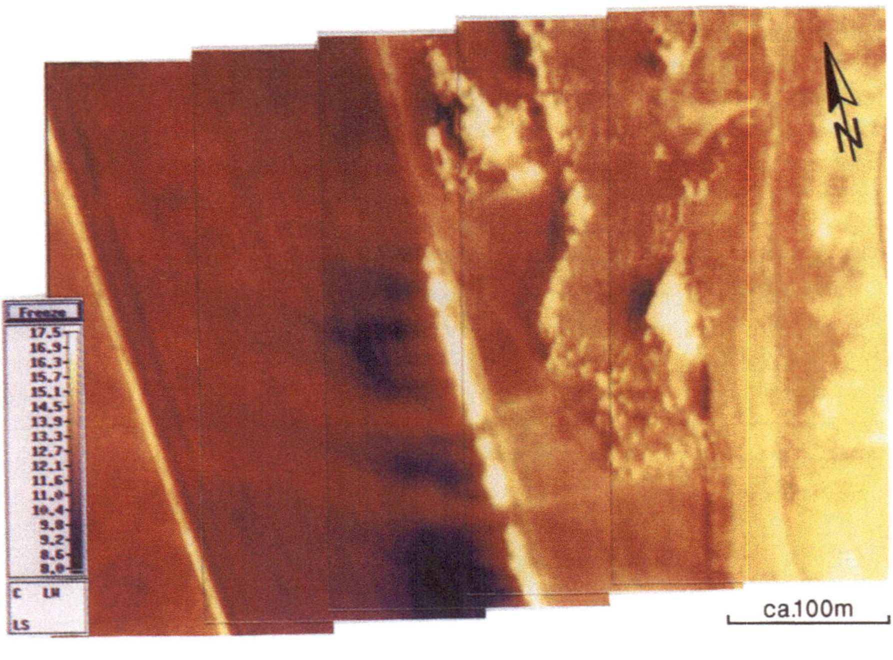

Abb. 3.11: Thermalbilder (Montage) vom Westrand und angrenzenden Vorfeld der Deponie Schöneicher Plan; gut zu unterscheiden ist zwischen der aufgeheizten Deponieböschung (*rechts*) und der kälteren Ackerfläche (*links*); Relief, Baumgruppen und lokale Windsysteme verursachen exogene Thermalanomalien; Maßeinheit/Temperaturkeil: °C (Aufnahme: 13. Mai 1993, 05.19 MEZ; F. Böker/F. Kühn, BGR)

3.2.2.3 Optisch-elektronische Scanner

Optisch-elektronische Scanner werden oft auch als CCD Linear Array Scanner oder Pushbroom-Scanner bezeichnet. Ihr grundlegender Aufbau ist mit dem photographischer Kameras vergleichbar. Anstelle eines photographischen Filmes werden bei den optisch-elektronischen Scannern sogenannte CCD Arrays in der Brennebene eines kameraähnlichen Aufnahmesystems installiert. CCD (**C**harge **C**oupled **D**evice) Arrays bestehen aus einer großen Anzahl von Detektor-Elementen, z.B. Photodetektoren auf Silizium-Basis. Auf einem einzelnen Chip mit einer Länge von rund 1,5 cm können mehr als 1000 separate Detektor-Elemente untergebracht werden. In der Brennebene eines optisch-elektronischen Scanners werden meist mehrere dieser Chips plaziert (*Abb. 3.12*). Das optische System fokussiert die ankommende Strahlung auf die photoempfindliche Oberfläche der Chips. Dort wird an jedem einzelnen Detektor die auftreffende Strahlung in elektrische Signale umgewandelt. Die Intensität des an jedem einzelnen Detektor-Element erzeugten elektrischen Signals ist von der "Helligkeit" des jeweils erfaßten Geländeelementes und damit von den optischen Eigenschaften der Geländeoberfläche abhängig. Infolge der Anordnung der Chips bzw. Detektor-Zeilen quer zur Flugrichtung wird mit der Vorwärtsbewegung des Flugzeuges die Geländeoberfläche Streifen für Streifen (Bildzeile) abgetastet. Bei jedem Abtastvorgang wird über eine kurze Zeitspanne integriert.

Das Bodenauflösungselement eines optisch-elektronischen Scanners ergibt sich aus der Größe der auf die Geländeoberfläche projizierten Oberfläche eines einzelnen Detektor-Elementes. Die Bodenauflösung ist damit abhängig von der Flughöhe h_g, der Integrationszeit τ eines einzelnen Abtastvorganges und der Geschwindigkeit v des Flugzeuges. Das IFOV wird durch eine Kante A_F parallel zur Flugrichtung *(3.4)* und A_Q quer zur Flugrichtung *(3.5)* beschrieben:

$$A_F = v \cdot \tau \tag{3.4}$$

$$A_Q = (a \cdot h_g) \div c_k \tag{3.5}$$

Dabei ist a der Abstand der Mittelpunkte der auf einem Chip angeordneten Detektorelemente und c_k die Brennweite des optischen Systems. Optisch-elektronische Scanner besitzen gegenüber den optisch-mechanischen Scannern Vorteile. Zu den Hauptvorteilen zählen die geringere Störanfälligkeit auf Grund der fehlenden rotierenden und beweglichen Teile, die höhere geometrische Genauigkeit entlang einer Detektor-Zeile, bessere Auflösungswerte im Strahlungsbereich (spektral, radiometrisch) und eine höhere Lebensdauer. Bis vor kurzem war es technisch noch nicht möglich, Chips mit Reihen von thermalinfrarotempfindlichen Einzeldetektoren (MIR-II) mit der erforderlichen Dichte und der notwendigen Kühlung zu beherrschen. Neueste Apparaturen sind inzwischen auch in der Lage, über den Bereich des sichtbaren Lichtes

(VIS) und Teile des nahen Infrarot (NIR-I und II) hinaus Strahlung zu registrieren (siehe DAIS-7915, S. 35).

Bei den multispektralen optisch-elektronischen Scannern wird die ankommende Strahlung an einem dispergierenden Element (z.B. Beugungsgitter) in ihre spektralen Komponenten aufgespalten. Durch Anordnung mehrerer Detektor-Zeilen über den gesamten Dispersionsbereich wird eine Abtastung der Geländeoberflächen in mehreren Spektralbereichen möglich.

Multispektralscanner, die Bilder der Geländeoberfläche unter Verwendung von Strahlung aus eng begrenzten, dicht aufeinanderfolgenden Bereichen des elektromagnetischen Spektrums aufnehmen können, werden auch als abbildende Spektrometer (engl. AIS - **A**irborne **I**maging **S**pectrometer) bezeichnet. Bei ihnen läßt sich aus der Pixel-Struktur eines aus vielen Einzelbildern bestehenden Multispektralbildes die zu jedem beliebigen Geländepunkt gehörige spektrale Signatur ermitteln. Damit ergeben sich Möglichkeiten für eine verbesserte Ansprache der stofflichen Eigenschaften von Geländeobjekten mit Mitteln der Fernerkundung (z.B. CASI, AVIRIS und DAIS-7915). Die Spektralsignaturen beschreiben die optischen Eigenschaften von Objektoberflächen. Ausführlichere Erläuterungen dazu finden sich im Kapitel 5.2.

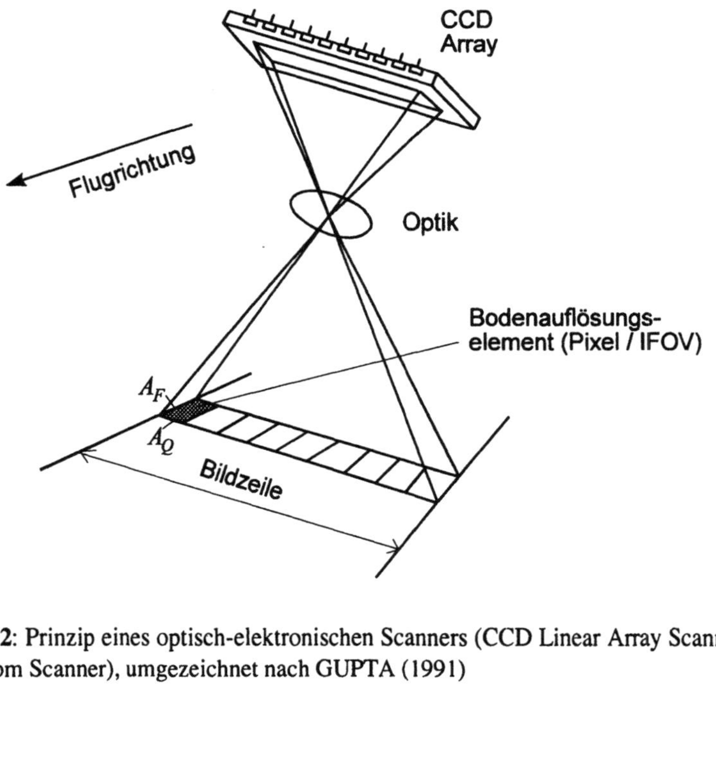

Abb. 3.12: Prinzip eines optisch-elektronischen Scanners (CCD Linear Array Scanner oder Pushbroom Scanner), umgezeichnet nach GUPTA (1991)

Sieht man von Projekten mit experimentellen oder methodischen Zielsetzungen ab, gehören die optisch-elektronischen Flugzeugscanner gegenwärtig noch nicht zu den routinemäßig eingesetzten Aufnahmeverfahren der Fernerkundung. Das mag unter anderem daran liegen, daß eine effiziente thematische Auswertung und Interpretation der Daten an einen ständigen Zugriff auf Bildverarbeitungsanlagen gebunden ist. Hinzu kommt, daß bei einer geometrisch und multispektral hochauflösenden Aufnahme größerer Gebiete enorme Datenmengen entstehen, die zur Zeit nur schwer zu handhaben sind.

In Deutschland wird von mehreren auf dem Fernerkundungssektor tätigen Firmen der kanadische **C**ompact **A**irborne **S**pectrographic **I**mager (CASI) eingesetzt (*Tabelle 3.3, Abb. 3.13*). CASI ist theoretisch in der Lage, einen Geländestreifen multispektral in 288 Kanälen mit jeweils 1,8 nm Bandbreite aufzunehmen. Wegen der Menge der anfallenden Daten muß in der Praxis eine Beschränkung auf wenige ausgewählte Kanäle erfolgen.

Die Deutsche Forschungsanstalt für Luft- und Raumfahrt (DLR) plant, ab 1994/95 ein **D**igital **A**irborne **I**maging **S**pectrometer "GER DAIS-7915" einzusetzen. Mit diesem Scanner oder Flugspektrometer können Multispektralbilder und Pixel-Spektren unter Zugriff auf 79 Einzelkanäle im Wellenlängenbereich von 0,4 - 12 µm gewonnen werden. Die Bandbreiten liegen bei 16 nm (0,4 - 1,0 µm sowie 2,0 - 2,5 µm), bei 100 nm (1,0 - 1,8 µm), bei 2000 nm (3,0 - 5,0 µm) und bei 600 nm (8,0 - 12,0 µm). Von diesen Aufnahmesystemen wird erwartet, daß nach einer Periode relativer Stagnation ein weiterer wesentlicher Schritt in Richtung der direkten Erkennbarkeit von Materialeigenschaften von Objekten an der Erdoberfläche vollzogen werden kann.

Tabelle 3.3: Ausgewählte technische Daten des CASI-Scanners (nach Unterlagen der WIB GmbH Berlin)

Blickfeld/Bildzeile (FOV):	35,4°
Anzahl der Detektoren im FOV:	512;
Winkelauflösung:	1,21 mrad
Spektralbereich:	0,43 - 0,87 µm
Optionen für Spektralkanäle:	288 in 1,8 nm Abstand
Anzahl der Kanäle im Multispektralbetrieb	max. 15

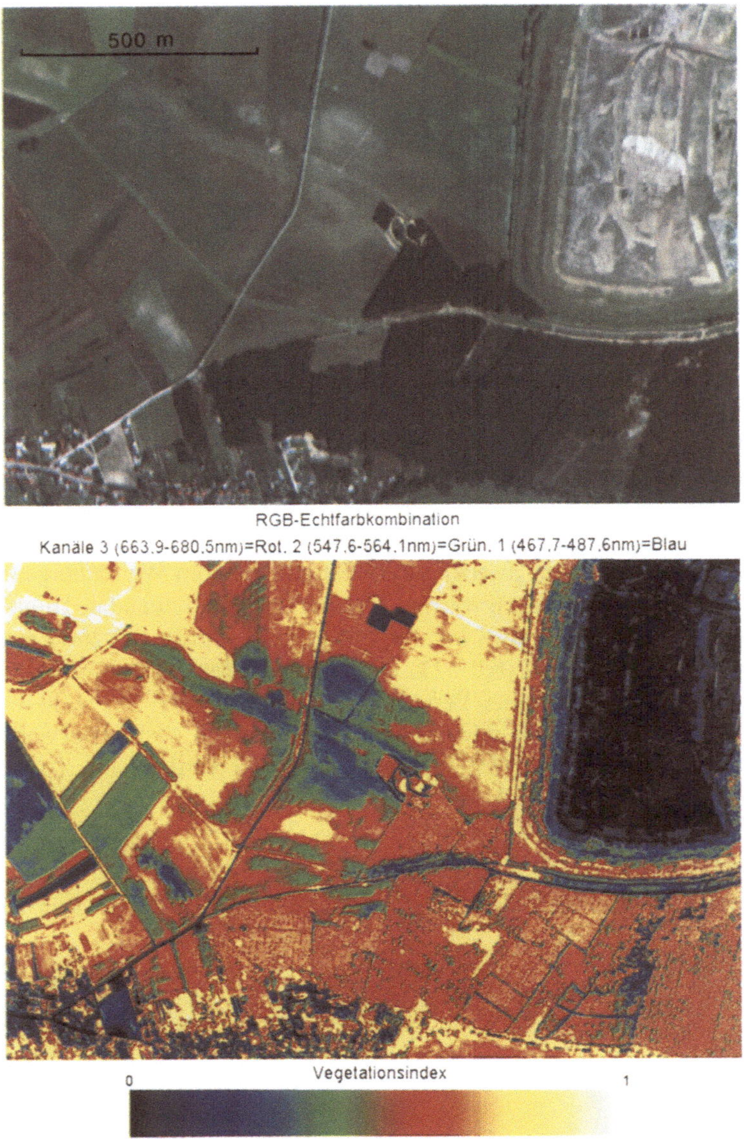

Abb. 3.13: CASI-Aufnahme vom 26. Juni 1993 mit SW-Abschnitt und -Umfeld der Deponie Schöneiche: Ausgabe als RGB(ROT/GRÜN/BLAU)-Echtfarbenkombination (*oben*) und Vegetationsindex[8] unter Verwendung je eines Kanals im roten und infraroten (NIR-I) Bereich des Spektrums (*unten*): Die grün/blaue Zone in Bildmitte (*unten*) ist auf Wachstumsausfälle über sandigen, wenig wasserstauenden Bodensubstraten zurückzuführen, vgl. auch CIR-Luftbild in *Abb. 4.8* (Aufnahme und Bildverarbeitung: WIB GmbH Berlin im Auftrag der BGR)

[8] Vegetationsindex (NIR-ROT)÷(NIR+ROT)

Am Beispiel einer AVIRIS-Aufnahme[9] von JANSEN (1994) wird versucht, die Vorteile derartiger Daten kurz zu skizzieren. JANSEN entwickelte dafür eine spezielle Software GenIsis (**Gen**eral **I**maging **S**pectrometry **I**nterpretation **Sy**stems), welche eine unmittelbare Verknüpfung von Aufnahmen abbildender Spektrometer mit Spektralsignaturen aus einer Datenbank ermöglicht.

Das Bildschirmphoto in *Abb. 3.14* zeigt das Prinzip der Interpretation von Daten abbildender Flugspektrometer mit GenIsis. Im linken größeren Abschnitt des Bildschirmes ist ein sogenanntes Color-Composite aus den AVIRIS-Kanälen bei 1782 nm, 1216 nm und 483 nm, belegt mit den Farben Rot, Grün, Blau, dargestellt. Der Bildausschnitt erfaßt ein Gebiet mit hydrothermal beeinflußten Gesteinen bei Cuprite in Nevada (USA). Der Cursor steht auf einem von alunitreichen Gesteinen gekennzeichneten Aufschluß (rote Farbe). Im rechten oberen Fenster ist die interessierende Region als Ausschnittvergrößerung (Zoom Window) abgebildet. Rechts unten werden Spektralsignaturen ausgegeben, hier für den Spektralbereich von 1965 - 2371 nm. Die weiße Linie repräsentiert die Spektralsignatur, die aus der Pixel-Säule des mit dem Cursor markierten Geländepunktes abgeleitet wurde. Die grüne Kurve steht für die Spektralsignatur von Alunit, die aus einer Datenbank aufgerufen wurde. Die Übereinstimmung beider Spektralsignaturen zeigt an, daß es sich bei sämtlichen auch rot gefärbten Bereichen mit hoher Wahrscheinlichkeit ebenfalls um alunitreiche Gesteine handelt. Analog kann bei der Erkundung anderer Gesteins- und Bodentypen verfahren werden.

Gleichermaßen interessante Perspektiven ergeben sich mit derartigen Auswerteverfahren für umweltorientierte Anwendungen der Geofernerkundung. So könnten auf analoge Weise Schadstoffbelastungen bei Böden kartiert werden. In *Abb. 5.2* ist die Spektralsignatur eines ölbelasteten Bodens dargestellt. Bei Einsatz eines abbildenden Flugspektrometers wäre es damit grundsätzlich möglich, Ölbelastung aus der Luft zu erkennen und deren flächenhafte Verteilung zu kartieren.

[9] AVIRIS: Airborne Visible/Infra-Red Imaging Spectrometer, experimentelle 210-Kanal-Flugzeug-Apparatur, Spektralbereich 0,4 - 2,4 µm

Abb. 3.14: Beispiel für die PC-gestützte Auswertung von Daten eines abbildenden Flugspektrometers; Erläuterung im Text (Abdruck mit freundlicher Genehmigung von W. T. JANSEN, WTJ Software Services, San Mateo, Californien, USA)

3.2.2.4 Radarverfahren

Im Gegensatz zu den bisher beschriebenen Aufnahmesystemen der Geofernerkundung handelt es sich bei Radar (**Ra**dio **D**etection **a**nd **R**anging) um ein aktives Aufnahmeverfahren. Radar "beleuchtet" die zu untersuchende Geländeoberfläche mit einer eigenen Strahlungsquelle im cm-Bereich (*s. Tabelle 2.1*) und ist deshalb von natürlichen Beleuchtungsbedingungen unabhängig. Radar benutzt dazu eine Antenne, die unter dem Rumpf des Flugzeuges angebracht ist.

Die vergleichsweise langwellige elektromagnetische Strahlung des Radars vermag Wolken zu durchdringen. Die Allwettertauglichkeit ist ein wesentlicher Vorteil des Radars. Ein weiterer Vorteil ist durch das Reagieren der Radarwellen auf feine Reliefunterschiede gegeben. Diese Eigenschaft ist unter anderem bei der Erkundung der Ausstrichbereiche tektonischer Störungen gefragt. Radar wird oft auch wegen seiner sensiblen Reaktion auf Anomalien der

Bodenfeuchte hervorgehoben. Es sind jedoch keine Anwendungsbeispiele bekannt, die unter mitteleuropäischen Bedingungen bessere Ergebnisse lieferten als zu einem optimalen Zeitpunkt hergestellte Luftbilder.

Zu den Nachteilen des Radars gehören das verhältnismäßig geringe Geländeauflösungsvermögen sowie der hohe technische Aufwand, der für die Gewinnung und Auswertung der Daten nach wie vor zu betreiben ist.

Radarverfahren werden bevorzugt für die Untersuchung größerer zusammenhängender Flächen, insbesondere im Rahmen sogenannter Ersterkundungsinventuren, eingesetzt. Anwendungen des Flugzeug-Radars für die Untersuchung von Deponien sind bisher nicht bekannt. Aus gegenwärtiger Sicht deuten sich auch keine Erkundungsziele an, die den Einsatz des aufwendigen Flugzeug-Radars im Rahmen der Deponieforschung rechtfertigen würden. Auf detaillierte Ausführungen zum Radar wird deshalb verzichtet und auf die entsprechende Literatur verwiesen (COLWELL, 1983; TREVETT, 1983; KRONBERG, 1985; SABINS, 1987; WOODING, 1988).

4 Zur Anwendung der Geofernerkundung bei der Untersuchung von Deponien

4.1 Untersuchungsziele und Auswertekriterien

Die Standorte vieler alter zum Teil heute noch betriebener Deponien wurden nach Kriterien festgelegt, die heutigen Anforderungen nicht mehr genügen. So besteht bei vielen Deponien ein Handlungsbedarf für nachträgliche Erkundungen mit folgenden grundsätzlichen Untersuchungszielen (vgl. *Abb. 4.1*):

- Eigenschaften der Gesteinsschichten an der Deponiebasis,
- Vorhandensein natürlicher und künstlicher Drainagen für den Abfluß von Sickerwässern aus der Deponie,
- Art der verkippten Abfälle und Regime des Deponiebetriebes,
- Gefährdungen und potentielle Gefahrenherde für Boden und Grundwasser im Umfeld der Deponie,
- Zustand des Naturraumpotentials am Standort und im Umfeld der Deponie.

Darüber hinaus sind bei der Suche nach geeigneten Standorten für neu anzulegende Deponien Untersuchungsverfahren gefragt, die eine möglichst detailgetreue Modellierung der geologischen Standortverhältnisse ermöglichen. Die Geofernerkundung sollte dabei als Teil eines geologisch-geophysikalischen Verfahrensverbundes verstanden werden, da nur bei der Kombination von Informationen verschiedener Untersuchungsverfahren bestmögliche Ergebnisse zu erwarten sind.

Die professionelle **Auswertung und Interpretation von Luftbildern** erfolgt grundsätzlich im dreidimensionalen **Stereomodell**. Dazu sind technische Hilfsmittel erforderlich. Die Palette dieser Hilfsmittel reicht vom einfachen Spiegelstereoskop bis hin zu computergestützten photogrammetrischen Auswerte- und Kartieranlagen (s. auch ALBERTZ, 1991).

Wie eingangs erwähnt, unterscheidet man bei der Arbeit mit Luftbildern zwischen thematischen und photogrammetrischen Auswertungen. Bei **photogrammetrischen Luftbildauswertungen** werden die dreidimensionalen Koordinaten (x,y,z) von Geländepunkten, Bauwerken o.ä. bestimmt. Damit können topographische Karten mit hoher Genauigkeit erstellt und auf dem laufenden gehalten werden. Bei geologischen bzw. photogeologischen Kartierungen, Kartierungen von Altlastenverdachtsflächen, hydrologischen Kartierungen u.ä. handelt es sich um **thematische Luftbildauswertungen**. Hierbei sind ebenfalls hohe Genauigkeiten der geographischen Zuordnung erforderlich. Im Vordergrund steht aber die thematische Information.

Die wichtigsten Bild- bzw. Landschaftsmerkmale für eine Kartierung von Böden, Gesteinen und geologischen Strukturen nach Luftbildern sind der **photographische Grauton**, die **Morphologie**, die **Vegetation**, das **Gewässernetz**, die **Textur** und typische Formen der **Landnutzung**. Diese Merkmale werden von KRONBERG (1984) anhand zahlreicher Bildbeispiele ausführlich beschrieben und diskutiert.

Für umweltorientierte Untersuchungen werden Modifizierungen und Ergänzungen dieser Kriterien notwendig. Hier können neben der Kartierung von Indikationen tektonischer Klüfte und Störungen als potentielle Wege für Schadstoffmigrationen oder der Bewertung des Wasserrückhaltevermögens der Bodenschichten vor allem **anthropogene** und **technogene Komponenten** einer Landschaft gefragt sein. Die wichtigsten Merkmale für die Erkennung und Kartierung anthropogener und technogener Komponenten einer Landschaft sind (vgl. Abschn. 6.4.2.2 und DODT et al. 1987):

- **Reliefformen** als Anzeiger für Auffüllungen, Deponien, Halden, Abgrabungen, Hohlformen, ...,
- **Grautonanomalien** als Anzeiger für kontaminierte Böden, Verfüllungen ehemaliger Hohlformen, die Ableitung von Abwässern, Altstandorte, Altanlagen, ...,
- **Vegetationsanomalien** als Anzeiger für kontaminierte Böden und Grundwässer, Altstandorte, ...

Für das Erreichen des jeweiligen Auswertezieles ist meist der richtige **Aufnahmezeitpunkt** der Luftbilder ausschlaggebend (vgl. BÖKER & KÜHN, 1992). Im Regelfall gilt bei geologischen Kartierungen, daß eine Vegetationsbedeckung die Erkennbarkeit geologischer Strukturen auf Luftbildern einschränkt bzw. geologische Strukturen auf Aufnahmen aus der vegetationsfreien Jahreszeit besser sichtbar werden. Erfahrungsgemäß erweisen sich Luftbilder aus der Zeit nach der Schneeschmelze und Abtrocknung der Staunässe als am besten geeignet, tektonische Störungen, Kluft- und Rinnensysteme zu erkennen. Andererseits können unter bestimmten Bedingungen durch die Art und Weise des Pflanzenwuchses (**Bewuchsmerkmale**) die Verbreitung von Bodenarten, Grenzen zwischen Gesteinsformationen, tektonische Strukturen oder auch Belastungen eines bestimmten Geländeabschnittes durch Schadstoffe erfaßt werden. Es ist nicht sinnvoll nach pauschalen Rezepturen zu verfahren. Bei der Festlegung der jeweiligen Strategie für die Herstellung und Interpretation von Luftbildern ist nicht zuletzt die Erfahrung des Auswerters ausschlaggebend. Dieser wird in der Regel nach der Analyse der mit den Luftbildern zu lösenden thematischen Aufgabenstellung und der Beurteilung der Gegebenheiten des betreffenden Geländes die Art und Weise des Vorgehens festlegen. Gerade die Bewertung von geologischen und umweltgeologischen Sachverhalten nach Luftbildern setzt oft eine sehr differenzierte

Vorgehensweise voraus. Anders als bei reinen topographischen Kartierungen müssen die interessierenden Informationen meist aus einer Vielzahl vordergründiger nichtrelevanter Bildinformationen "herausgefiltert" werden.

Für die Wahl des richtigen Aufnahmezeitpunktes ist auch der Wetterverlauf vor dem Aufnahmezeitpunkt von Bedeutung, da davon das Feuchteregime im Boden abhängt. Abweichend von den Normalbedingungen für Luftbildbefliegungen ist es für die Realisierung spezieller geologischer Zielstellungen durchaus legitim, auch bei extrem flachen Sonnenwinkeln zu fliegen. Bei diesen Aufnahmen werden durch Verstärkung der **Geländeschatten** Feinreliefformen besonders betont. Dieser Effekt kann die Erkennbarkeit der Ausbißbereiche von tektonischen Störungen und Klüften, aber auch von anderen über das Feinrelief erkennbaren Strukturen, wie zum Beispiel künstliche Geländeauffüllungen, erleichtern.

Um die Dynamik von Geländeveränderungen kartieren zu können, zum Beispiel in Folge von Abtragungs- und Anlandungsprozessen an Küsten, Bodenerosion, Bergbau oder der Anlage von Deponien, werden **multitemporale Luftbildauswertungen** durchgeführt. Unter einer multitemporalen Luftbildauswertung versteht man die Beurteilung eines Geländes nach Luftbildern, die in bestimmten zeitlichen Abständen hergestellt wurden. Damit werden räumliche und zeitliche Veränderungen eines Geländes erfaßbar. Multitemporale Luftbildauswertungen sind für die Lösung einer Reihe umweltorientierter Aufgabenstellungen von Bedeutung. So kann die Kartierung eines Geländes in bestimmten Zeitschnitten Auskunft über heute nicht mehr feststellbare Altlasten aus früheren Nutzungsperioden geben. Bei einer multitemporalen Luftbildauswertung unterscheidet man methodisch zwischen retrogressiven (rückschreibenden) und progressiven (fortschreibenden) Vorgehensweisen. Bei der retrogressiven Methode werden Geländeveränderungen, ausgehend vom gegenwärtigen Geländezustand, schrittweise in die Vergangenheit zurückverfolgt. Bei der progressiven Methode erfolgt die Rekonstruktion der Entwicklung von Geländestrukturen beginnend bei einem Ausgangszustand in der Vergangenheit bis in die Gegenwart. Im Regelfall wird diese Methode in Kombination mit einer multitemporalen Kartenauswertung angewendet. Das hat unter anderem den Vorteil, daß Geländeentwicklungen auch für solche Zeitschnitte rekonstruiert werden können, in denen noch keine Luftbildflüge erfolgten. Am Beispiel der Deponie Hermsdorf (Thüringen) wird im Kapitel 6.4 das grundsätzliche Vorgehen bei einer multitemporalen Luftbild- und Kartenauswertung vorgestellt.

Für die Qualität von Luftbildinterpretationen ist in der Regel die Erfahrung des Bearbeiters ausschlaggebend. Des weiteren werden die Festlegung methodischer Ansätze und die Möglichkeiten der Kombination unterschiedlicher Datenebenen maßgeblich von den jeweiligen Standortverhältnissen bestimmt. Methodische Vorgehensweisen werden deshalb differenziert am Beispiel von Fallstudien im Kapitel 6 erläutert.

In den auf die Auswertung von Luftbildern spezialisierten Instituten, Firmen und Ingenieurbüros ist im allgemeinen die erforderliche technische Ausstattung für die professionelle Auswertung und Interpretation von Luftbildern vorhanden. Stand der Technik sind digitale Kartier- und Interpretationssysteme. Diese Geräte bestehen aus hochwertigen Stereoskopen mit Zoom-Optik sowie Systemen zur Messung von Bildkoordinaten und Parallaxen für die präzise Bestimmung von Entfernungen und Geländehöhen. Integrierte Computersysteme ermöglichen die Kartierung und GIS-gerechte Erfassung der Geländemerkmale, die der Auswerter im Luftbild als relevant erkennt. Stehen diese in der Regel aufwendigen und vergleichsweise teuren Apparaturen nicht zur Verfügung, kann für die **Übersichtsbeurteilung** eines Geländes nach Luftbildern bereits mit sehr einfachen Hilfsmitteln gearbeitet werden. Das Ausstattungsminimun sollte ein einfaches Spiegelstereoskop sein. Allerdings sind damit Zugeständnisse an die Auswertegenauigkeit zu machen. Bei der Arbeit mit dem Spiegelstereoskop empfiehlt es sich, die im Sinne der Aufgabenstellung als interessant bewerteten Geländemerkmale als Interpretationsskizze auf der transparenten Luftbildtasche oder einer transparenten Folie über dem Luftbild einzutragen. Die Interpretationsskizze kann dann mit geeigneten Mitteln wie Projektionsapparaturen, optischen Pantographen o.ä. auf den gewünschten Kartierungsmaßstab gebracht, und soweit wie möglich entzerrt in eine Karte übertragen werden. Angaben zu Entfernungen ergeben sich aus den Luftbild- oder Kartierungsmaßstäben. Gelände- und Objekthöhen H_o können in Näherung über die Messung von Schlagschatten aus der Länge des Schlagschattens l, der Bildmaßstabszahl m_b und der Sonnenhöhe h_s in Grad berechnet werden:

$$H_o = l \cdot m_b \cdot \tan h_s \qquad (4.1)$$

Um ergänzende Angaben über stoffliche Eigenschaften der Materialien an der Deponieoberfläche erhalten und gegebenenfalls auffällige Bereiche im Deponieinneren lokalisieren zu können, ist die Herstellung und Auswertung von Thermalbildern sinnvoll. Im Vergleich zu "normalen" Luftbildern existieren bei der Herstellung und Auswertung von **Thermalbildern** vielschichtige Kriterien und Aspekte, deren Nichtbeachtung zu Fehlinterpretationen führen kann (vgl. Abschn. 6.3.2.1). Dabei ist zu berücksichtigen, daß das Thermalverhalten eines Objektes an der Erdoberfläche sowohl durch die Material- als auch durch Umweltfaktoren bestimmt wird. Des weiteren ist die Intensität von Strahlung im Thermalinfrarot neben der Oberflächentemperatur vom Emissionsvermögen des jeweiligen Materials abhängig. Aus den am Sensor gemessenen Strahlungsintensitäten werden sogenannte Strahlungstemperaturen berechnet, welche zur Bewertung von Temperaturverhältnissen an der Geländeoberfläche im allgemeinen ausreichen. Umrechnungen in Oberflächentemperaturen sind vergleichsweise aufwendig und werden nur bei speziellen Anwendungen erforderlich. Folgende Material- und Umweltparameter beeinflussen das Thermalverhalten eines Objektes an der Erdoberfläche (vgl. SHILIN 1980, KRONBERG 1985):

Materialparameter:	**Umweltparameter:**
• Farbe	• topographische Position im Gelände
• Mineralbestand	• Orientierung der Materialoberfläche zur Sonne
• Oberflächenbeschaffenheit	• meteorologische Bedingungen
• Dichte	• Mikroklima
• Porosität bzw. Porenvolumen	• Feuchtigkeit
• Permeabilität	• Tages- und Jahreszeit
• Feuchtigkeitsgehalt	• Bewuchs.

Das heißt, die Ansprache eines bestimmten Objektes im Thermalbild als grundsätzlich "warm" oder "kalt" gegenüber seiner Umgebung ist nur in Verbindung mit den Material- und Umweltparametern möglich. Dabei ist davon auszugehen, daß die Umwelteinflüsse einerseits die von den natürlichen oder künstlichen Objekten ausgehende Thermalstrahlung störend überlagern, verwischen, abschwächen, verstärken, maskieren oder nivellieren und andererseits auch unerwünschte Anomalien auf den Thermalbildern hervorrufen können. Bereits der tageszeitliche Verlauf des Temperaturverhaltens zweier völlig verschiedener Materialien zeigt, daß pauschale Bewertungen mit "warm" und "kalt" gegenüber dem jeweils anderen Material nicht möglich sind. Es kann im tageszeitlichen Temperaturverlauf auch vorkommen, daß zwischen völlig unterschiedlichen Materialien keine Temperaturdifferenzen mehr gemessen werden können (vgl. *Abb. 6.8*). Nach GEBHARDT (1981) wirken die Material- und Umweltparameter sowohl gleichzeitig und unabhängig voneinander als auch gleich- oder gegensinnig. Die Umweltfaktoren sind außerdem schwer kontrollierbar und nicht reproduzierbar. Eine ausführlichere Diskussion von Möglichkeiten und Grenzen der Nutzung von Thermalbildern für die Deponieerkundung erfolgt am Beispiel der Deponie Schöneiche im Kapitel 6.3.

Anhand einer Auswahl typischer Einzelbeispiele sollen nachfolgend thematische Ansätze für die Nutzung von Fernerkundungsdaten bei der Untersuchung von Deponien, ihres Untergrundes und Umfeldes dargestellt werden. Die Möglichkeiten und die Grenzen für die Nutzung von Fernerkundungsdaten hängen dabei von den landschaftlichen und geologischen Bedingungen am jeweiligen Standort ab. Bei Übertragung der Beispiele auf die Lösung ähnlich gelagerter Probleme ist in jedem Fall eine Analyse des bestehenden Problems erforderlich. Diese zeigt die Erfolgsaussichten für dessen Lösung und den Handlungsrahmen (Datenumfang, -art, methodisches Vorgehen) für eine effiziente Anwendung der Fernerkundung auf. Für das erfolgreiche Arbeiten mit Fernerkundungsdaten ist entscheidend, daß sich standorttypische strukturelle und stoffliche Eigenschaften des geologischen Untergrundes in einer für die Fernerkundungssysteme sichtbaren Form an der Geländeoberfläche abbilden.

Bei der nachfolgend beschriebenen Auswahl von Auswertezielen im Rahmen der Deponieerkundung (vgl. *Abb. 4.1*) werden Spektralbereiche und Aufnahmesysteme angegeben, welche zur Lösung des betreffenden Problems eingesetzt werden können. In *Kursivdruck* werden die Spektralbereiche/Aufnahmesysteme hervorgehoben, von denen im Sinne der Aufgabenstellung erfahrungsgemäß die besten Ergebnisse erwartet werden. Liefern mehrere unterschiedliche Spektralbereiche oder Aufnahmesysteme bzw. Filmarten gleiche Informationen, erfolgt die Hervorhebung des empfohlenen Spektralbereiches/Systems/Filmes unter dem Aspekt der Auswahl einer kostengünstigen Variante ebenfalls in *Kursivdruck*. Folgende Abkürzungen werden verwendet: LB für Luftbild, SW für Schwarzweiß, CIR für Color Infrarot sowie VIS, NIR und MIR entsprechend *Tabelle 2.1*.

Legende u. Erläuterungen zu Abb. 4.1:

- wasserundurchlässige, bindige Sedimente
- rollige, wasserdurchlässige Sedimente
- Deponieabdeckung, z.B. Lehmschicht
- Lücke, Schwachstelle in der Abdeckung der Deponie
- Naßstelle (NS), Austritt belasteter Wässer

Grundwasserfluß:

- sauberes Grundwasser
- vorbelastetes Grundwasser
- belastetes Grundwasser
- GW Grundwasseroberfläche des obersten Grundwasserleiters
- belastetes Sickerwasser

- Wärme- oder Thermalanomalie (TA)
- Altlast, Altablagerung (AL)
- Frischmüll (FM)
- Vorfluter, Graben (VF)
- Drainagesystem (DS)
- Altstandort (AS)
- Baum (unbelastet), kein Wurzelkontakt zu belastetem GW
- Baum (belastet), Wurzelkontakt zu belastetem GW

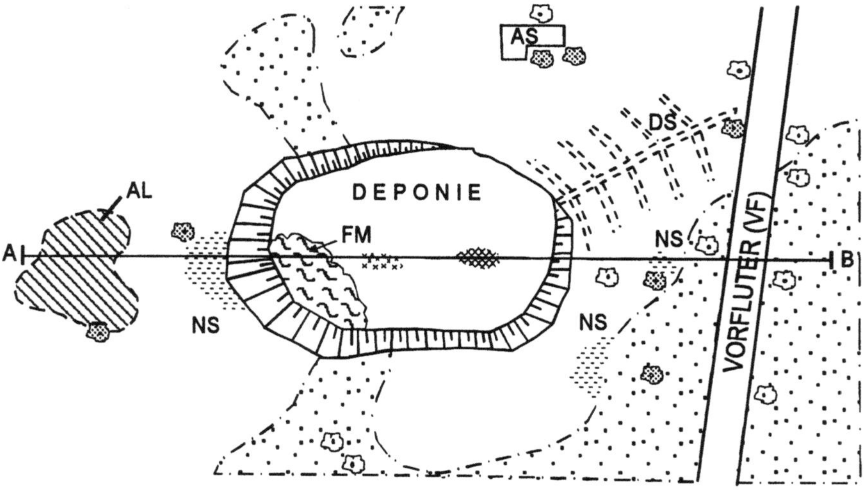

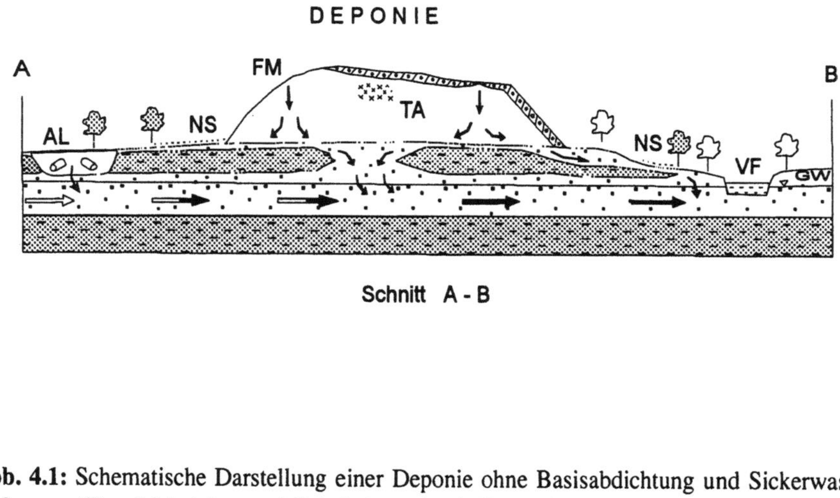

Abb. 4.1: Schematische Darstellung einer Deponie ohne Basisabdichtung und Sickerwasserfassung (Draufsicht/*oben* und Schnitt/*unten*) mit Kennzeichnung von Strukturen, Merkmalen und Geländeeigenschaften, die in Abhängigkeit von den jeweiligen Standortbedingungen mit Mitteln der Fernerkundung erfaßt werden können (Bezug zu den Bildbeispielen in Abbildungen *4.2* bis *4.18*, Erläuterungen und Legende S. 46)

4.2 Bildbeispiele

4.2.1 Erkundung des Deponiekörpers

Zeitliche Entwicklung und Regime des Deponiebetriebes mit ersten Angaben zu möglichen Arten und Mengen verkippter Abfälle

Spektralbereich (Datenart/Aufnahmesystem): *VIS (SW-, CIR-, Color-LB),* NIR-I (IR-LB), MIR-II (Scanner):

Die *Abbildungen 4.2* und *4.3* zeigen Luftbildzeitschnitte der Deponie Schöneicher Plan von 1992 und 1967. Für den Zeitschnitt von 1967 ist ein Auswerte- und Interpretationsbeispiel von KRENZ (1991) beigefügt. Die Auswertung aufeinanderfolgender Zeitschnitte mit dem Verfahren der multitemporalen Luftbild- und Kartenauswertung ermöglichte die Rekonstruktion der zeitlichen und räumlichen Entwicklung der Deponie. Bei guter Qualität und ausreichend großem Maßstab der Luftbildvorlagen können Vorstellungen zu den in früheren Betriebsphasen verkippten Materialien abgeleitet und mögliche Gefährdungspotentiale erkannt werden (vgl. auch Kap. 6.4).

Abb. 4.2: Das Schwarzweiß-Luftbild (Montage) zeigt den Zustand, die flächenhafte Ausdehnung und die aktuellen Ablagerungsbereiche der Deponie Schöneicher Plan am 15. Mai 1992 (Quelle: Landesvermessungsamt Brandenburg)

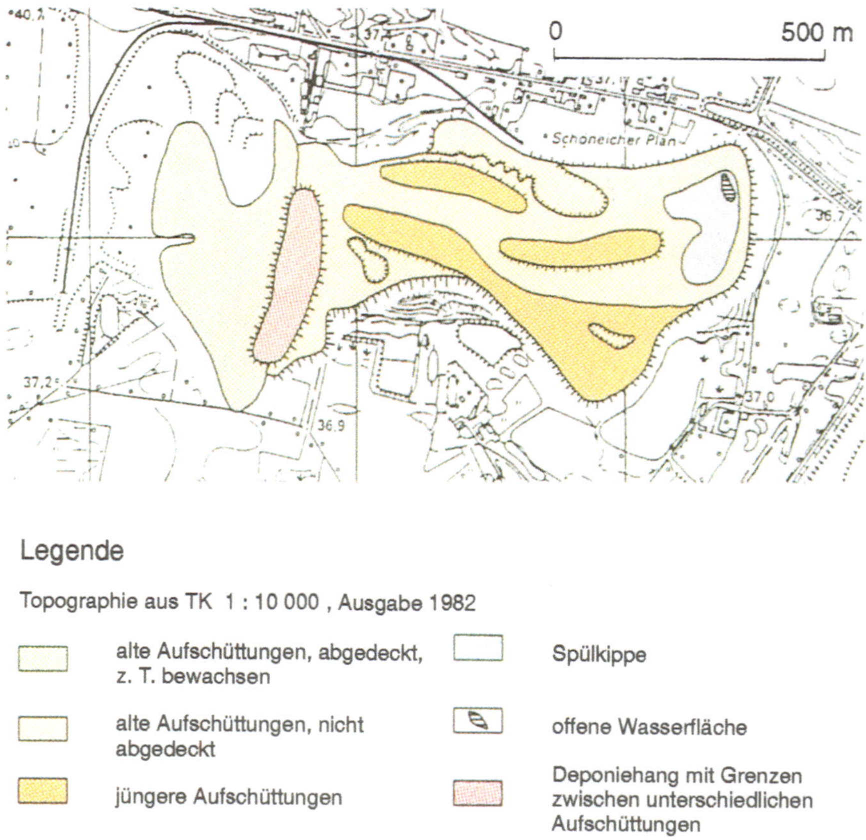

Abb. 4.3: Luftbild vom 23. Juni 1967 (*oben*) und zugehörige Auswertung von KRENZ (1991), vereinfacht über einer Topographie von 1982 (*unten*); (Quelle: Bundesarchiv, Abteilung Potsdam)

Lokalisierung von Wärmequellen im Inneren einer Halde

Spektralbereich (Datenart): *MIR-II* (Scanner):

Die Scanneraufnahme in *Abb. 4.4* erfaßt Teile einer Bergehalde im Thüringer Raum. Im Haldeninneren laufen Oxidationsprozesse in pyrit- und kohlenstoffhaltigen Schiefern unter Freisetzung von Wärme ab. Die Oxidation wird durch Sauerstoffzufuhr über Risse und Spalten aufrechterhalten. Auf Grund der hohen Temperaturen im Inneren der Halde (>500°C) lassen sich diese Zonen im Thermalbild selbst über der zum Teil mehrere Meter mächtigen Bedeckung erkennen. Die wiederholte Aufnahme von Thermalbildern (Monitoring) liefert Informationen zur zeitlichen und räumlichen Ausdehnung der Oxidationszone. Ihre Lokalisierung ist für die Einleitung wirksamer Gegenmaßnahmen erforderlich. Oxidierende Pyrite führen in Verbindung mit versickernden Niederschlagswässern zu schwefelsäurehaltigen Lösungen.

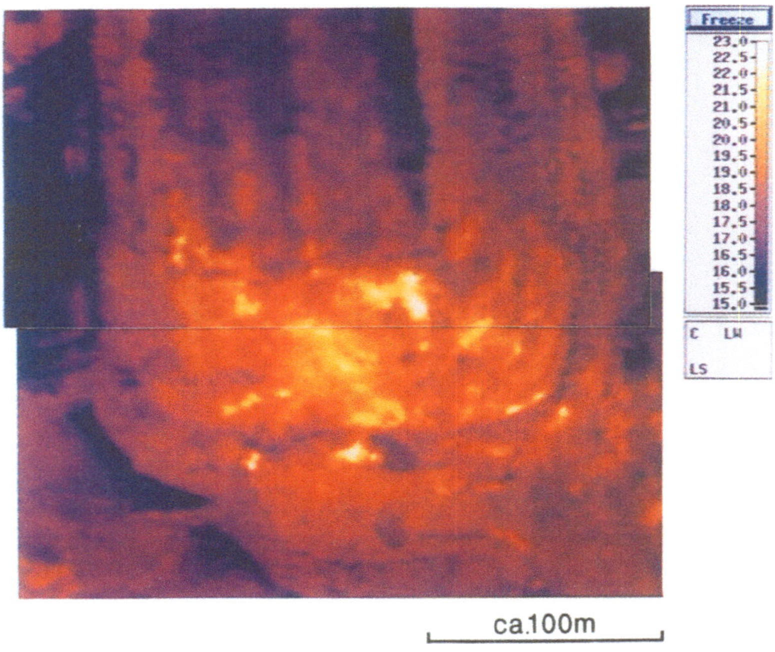

Abb. 4.4: Thermalaufnahme einer Bergehalde im Thüringer Raum vom 23. Mai 1994, 03.45 MEZ: Temperaturanomalien infolge von Oxidationsprozessen in pyrit- und kohlenstoffhaltigen Schiefern sind auch über mehrere Meter mächtigen Bedeckungen meßbar (Aufnahme: F. Kühn, BGR)

Austritt von Sickerwässern an Rändern und Böschungen von Deponien

Spektralbereich (Datenart): *VIS (SW-, CIR-, Color-LB)*, NIR-I (IR-LB), MIR-II (Scanner):

Beeinträchtigungen des Pflanzenwuchses, Bodenverfärbungen oder direkt sichtbare Naßstellen am unmittelbaren Rand einer Deponie sind vielfach Anzeichen für einen Austritt von Sickerwässern (*Abb. 4.5*). Mögliche Störungen des Systems Abdichtung/Sickerwasserfassung können dadurch angezeigt werden. Im allgemeinen sind Sickerwässer, welche aus einer Deponie austreten, stark belastet. Bei Feststellung von Sickerwasseraustritten an den Rändern von Deponien besteht Handlungsbedarf zur Durchführung weiterer Kontrollen.

Abb. 4.5: Ausschnitt aus einem CIR-Luftbild vom 2. August 1990 mit Anzeichen für den Austritt von Sickerwässern am Rand einer stillgelegten und in eine Parkanlage umgewandelten Deponie im Stadtgebiet von Berlin (Aufnahme: Eurosense GmbH, Abdruck mit freundlicher Genehmigung der Senatsverwaltung für Bau-und Wohnungswesen, Berlin)

Sukzession von Vegetation über abgelagerten Industrieabfällen

Spektralbereich (Datenart): *VIS* (SW-, *CIR*-, Color-LB), NIR-I (IR-LB):

Das CIR-Luftbild, *Abb. 4.6*, zeigt eine Teilfläche der Kippe des ehemaligen Braunkohlentagebaues Bruckdorf (Sachsen-Anhalt). Ein Teil des aus quartären und tertiären Sedimenten, zum Teil auch aus Braunkohlepartikeln bestehenden Kippenbereiches wurde über einen längeren Zeitraum als Industriemüllkippe genutzt. Die natürliche Ansiedlung von Vegetation auf diesen Flächen (Sukzession) ist von den Standortbedingungen (Substrat, Wasser- und Nährstoffversorgung) und den anthropogenen Schadstoffeinflüssen abhängig. Die durch Salzausblühungen und Sickerwasseraustritte geprägten Bereiche der Altablagerung sind nach wie vor vegetationsfrei. An den Randbereichen der Altdeponie sind anhand der Bildmerkmale Vegetationsschäden nachweisbar. Sukzession und Grad der Schädigung der Vegetation sind geeignete Indikatoren für die Abgrenzung der Altablagerung und die Kennzeichnung der durch Schadstoffausträge belasteten Bereiche.

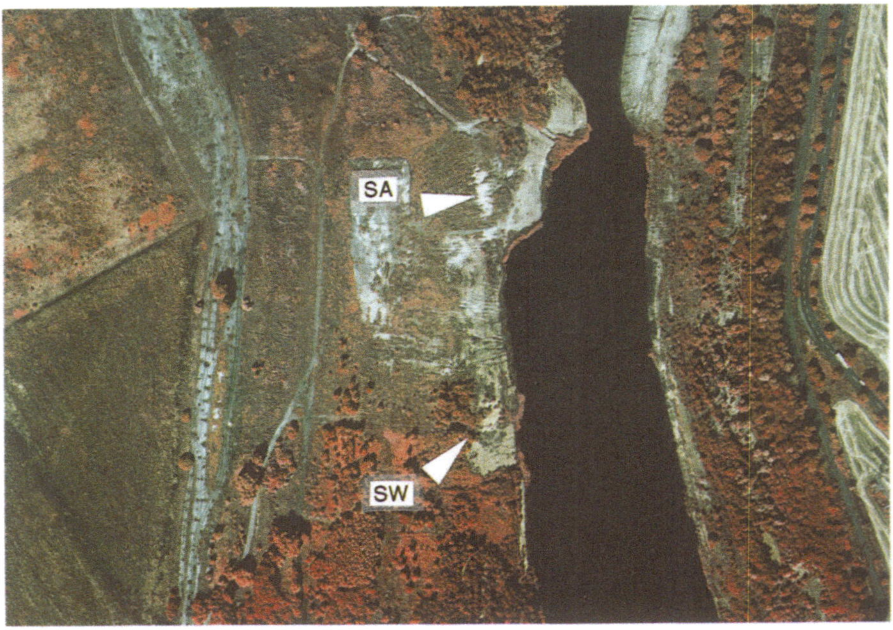

Abb. 4.6: CIR-Luftbild vom 22.08.1991: In die Kippe des ehemaligen Braunkohletagebaues Bruckdorf/Sachsen-Anhalt eingelagerte Industrieabfälle beeinflussen die natürliche Ansiedlung von Vegetation (Sukzession); ferner erkennbar: Salzausblühungen (*SA*) und Sickerwasseraustritte (*SW*); (Aufnahme: Hansa Luftbild; Abdruck mit freundlicher Genehmigung des Umweltamtes der Stadt Halle in Zusammenarbeit mit C. Gläser, Martin-Luther-Universität Halle)

4.2.2 Erkundung des Deponieumfeldes

Quellen, flächenhafte Grundwasserentlastungen, Bodenfeuchteanomalien

Spektralbereich (Datenart): *VIS (SW-, CIR-,* Color-LB*)*, NIR-I (IR-LB), MIR-II (Scanner):

Quellen, Naßstellen und Feuchtgebiete sind in Verbindung mit unbewachsenen Böden auf Luftbildern meist an dunklen Grautönen zu erkennen (*Abb. 4.7*). Andererseits kann erhöhte Bodenfeuchte das Pflanzenwachstum stimulieren, was bei CIR-Bildern an kräftigeren roten Farben erkennbar ist. Bei Thermalaufnahmen hängt die Art und Weise der Abbildung von Naßstellen vom Temperaturregime an der Geländeoberfläche, von der Jahreszeit und der Art der Bedeckung ab (vgl. Abschn. 6.3.2.3). Indikationen für Naßstellen an der Geländeoberfläche geben Hinweise auf mögliche Entlastungen aus dem obersten Grundwasserleiter oder das Vorhandensein von oberflächennahen Grundwasserstauern. Werden Naßstellen im näheren und weiteren Umfeld einer Deponie sichtbar, empfiehlt sich die Entnahme und Analyse von Wasserproben. Positive als auch negative Befunde tragen zur Rekonstruktion der Migrationswege belasteter Sickerwässer aus dem Deponiekörper bei.

Abb. 4.7: Der Ausschnitt aus dem Schwarzweiß-Luftbild vom 10. April 1945 erfaßt das Gelände nördlich der Deponie Schöneiche; dunkle Grautöne weisen auf stärker durchfeuchtete Geländebereiche hin; an der deutlich erkennbaren Spur eines ehemaligen Fließes (*F*) ist der Trichter eines Bombeneinschlages (*B*) erkennbar; vgl. auch *Abb. 3.3* (Recherche und Beschaffung: Luftbilddatenbank in Würzburg im Auftrag der BGR)

Qualitative Beurteilung der flächenhaften Verteilung sandiger und bindiger Anteile in den Sedimenten an der Geländeoberfläche

Spektralbereich (Datenart): *VIS (SW-, CIR-LB)*, MIR-II (Scanner):

Auf dem CIR-Luftbild zeichnet das Pflanzenwachstum das Wasserversickerungs- und Wasserrückhaltevermögen des Bodens nach *(Abb. 4.8)*. Die hell erscheinenden Bereiche korrelieren hier mit Wachstumsausfällen infolge verringerter Nährstoffangebote im Boden. Die Ursache wird auf das Überwiegen sandiger Böden mit geringerem Wasserrückhaltevermögen zurückgeführt. Auftreffende Niederschlagswässer können damit auf direktem Wege in den obersten unabgedeckten Grundwasserleiter gelangen. Gegenüber einem Eindringen von eventuell in Niederschlags- bzw. Sickerwässern gelösten Schadstoffen ist keine natürliche Barriere vorhanden.

Abb. 4.8: Das CIR-Luftbild vom 3. Juli 1993 erfaßt einen Geländeabschnitt westlich der Deponie Schöneiche mit ausgedehnten sandigen Bodensubstraten, erkennbar an den hellen Flächen; das vergleichsweise geringe Wasserrückhaltevermögen des Bodens führt hier zur Minderung des Pflanzenwachstums (Aufnahme: WIB GmbH im Auftrag der BGR)

Natürliche und künstliche Drainagesysteme

Spektralbereich (Datenart): *VIS (SW-, CIR-,* Color-LB), NIR-I (IR-LB), *MIR-II (Scanner)*:

Als natürliche Wege bzw. Drainagen für den gerichteten Abfluß von Sickerwässern aus nicht abgedichteten Deponien können Rinnen und Spalten dienen, wenn diese mit wasserdurchlässigen Materialien gefüllt sind. Dazu gehören Eiskeile (*Abb. 4.9*). Das sind ehemalige Frostspalten, die sich im Laufe der Zeit wieder mit Ablagerungen gefüllt haben (MERKT & BÖKER, 1993).

Eine Geländeentwässerung mittels künstlicher Drainagesysteme kann bei permanentem Feuchtestau über wasserundurchlässigen Gesteinen und Böden oder hohen Grundwasserständen notwendig werden. In *Abb. 4.10* sind Drainagesysteme in einem flachen Niederungsgebiet im herkömmlichen Schwarzweiß-Luftbild und in einem Thermalbild (MIR-II) gegenübergestellt. Geologisch handelt es sich um holozäne bis pleistozäne Bildungen mit humosen Sanden, Mudden und Seekreide.

Das Luftbild, aufgenommen am Beginn einer Periode mit intensiven Pflanzenwachstum sowie mit verhältnismäßig hoher Bodenfeuchte (Mitte Mai), zeichnet die fischgrätenartige Struktur der Drainagesysteme nur schwach nach. Demgegenüber ist die Entwässerung der Geländeoberfläche in dem unter vergleichbaren Bedingungen aufgenommenen Thermalbild an höheren Temperaturen erkennbar. Die Intensität der Temperaturanomalie ist ein Maß für das Funktionieren der Oberflächenentwässerung bzw. den Zustand der Drainagesysteme. Sind Anzeichen für das Vorhandensein künstlicher oder natürlicher Drainagesysteme im Umfeld oder an der Auflagefläche (auf Archiv-Luftbildern) einer Deponie zu erkennen, dann empfiehlt sich eine Überprüfung auf mögliche gerichtete Abflüsse belasteter Deponiewässer (vgl. Kap. 6.3).

Unabhängig von dem hier untersuchten Sachverhalt zeigt dieses Beispiel auch, daß sich Thermalbilder gut zur Kontrolle der Funktionsfähigkeit von Entwässerungssystemen eignen.

Abb. 4.9: Schrägluftbild mit dem Strukturmuster von Eiskeilen in Geschiebelehm (Markierung): die ehemaligen Frostspalten sind mit sandigem, gut wasserwegsamem Material gefüllt; am Standort von Deponien können derartige Eiskeilpolygone ideale Systeme für den Abfluß von Sickerwässern sein (Abdruck des Luftbildes mit freundlicher Genehmigung von J. MERKT, NLfB Hannover)

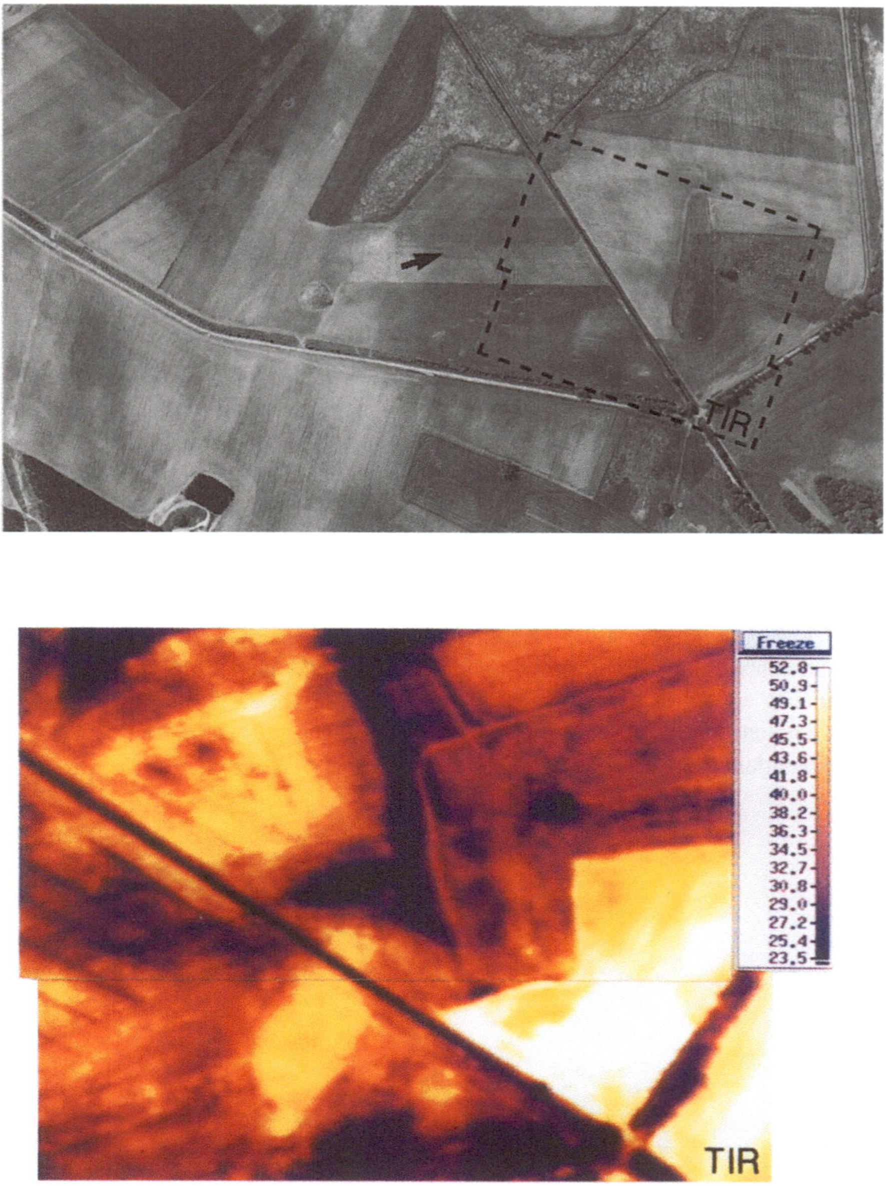

Abb. 4.10: SW-Luftbild vom 15. Mai 1992 (*oben*) und Thermalbild, MIR-II (TIR) vom 11. Mai 1993 (*unten*): Merkmale künstlicher Systeme zur Oberflächenentwässerung sind im SW-Luftbild schwach erkennbar (*Pfeil*), die Entwässerung erfolgt in den diagonal verlaufenden Graben; das Thermalbild charakterisiert den Zustand der Drainagesysteme (Luftbild: Landesvermessungsamt Brandenburg, Thermalaufnahme: F. Böker/ F. Kühn, BGR)

Klüfte und Störungen

Spektralbereich (Datenart): *VIS (SW-*, CIR-, Color-LB), NIR-I (IR-LB) :

Störungen und Kluftsysteme sind auf Luftbildern im allgemeinen gut erkennbar (*Abb. 4.11*). Voraussetzung ist, daß ihre Ausstrichlinien an der Geländeoberfläche durch Merkmale des Reliefs, die Ausrichtung der Oberflächenentwässerung, Änderungen des Pflanzenwuchses oder auch durch Unterschiede in den Gesteins- und Bodenfarben markiert werden. Grundsätzlich gilt, daß sich steilstehende Störungen und Kluftsysteme besser kartieren lassen als flach einfallende. Trennflächenanhäufungen in kompakten Gesteins- oder Sedimentpaketen begünstigen Erosionsprozesse, die die Spuren ihrer Ausstrichlinien an der Geländeoberfläche verstärken. Störungen und Klüfte sind im allgemeinen durch eine Aufarbeitung und Auflockerung der anstehenden Gesteine gekennzeichnet. So ist im Bereich ihrer Ausstrichlinien an der Geländeoberfläche mit einer bevorzugten Migration oder Versickerung von Wasser zu rechnen. Ein Tangieren oder Überschneiden von Störungsindikationen mit Deponiestandorten signalisiert eine Störung der Lagerungsverhältnisse an der Deponiebasis. In solchen Fällen muß mit der Existenz von Migrationswegen bzw. natürlichen Drainagesystemen für den Abfluß schadstoffbelasteter Deponiewässer in das Deponieumfeld gerechnet werden. Der Abfluß ist in der Streichrichtung der Störungs- oder Klüftungsindikationen zu vermuten. In diesen Fällen sollten in der Streichrichtung liegende Brunnen, Grundwasserbeobachtungsstellen und Quellen auf mögliche Belastungen untersucht werden (vgl. auch Anwendungsbeispiel "Deponie Arnstadt/Eulenberg" in Kapitel 6.2).

Abb. 4.11 (gegenüberliegende Seite): Das Schrägluftbild vom 17.06.1989 erfaßt einen flachen Geländerücken; positive Wachstumsmerkmale zeichnen senkrecht aufeinanderstehende Klüfte im sonst trockenen Muschelkalk nach; die breiten Streifen im Vordergrund sind Spuren periglazialer Rinnen, die wie die Klüfte feinkörnige Füllungen aufweisen; in derartigen Klüften und Rinnen können Sickerwässer aus Deponien zusammenlaufen und je nach Durchlässigkeit des Verfüllungsmaterials mehr oder weniger schnell abfließen (Aufnahme: F: Böker)

Destabilisierung von Deponieböschungen

Spektralbereich (Datenart): *VIS (SW-*, CIR-, Color-LB):

Unter bestimmten geologischen Gegebenheiten können neben Gefährdungspotentialen für den Boden und das Grundwasser auch Gefahren für die Standsicherheit von Deponien und Halden bestehen. Dieser Sachverhalt ist gegeben, wenn mechanische Vorgänge im Untergrund des Deponiestandortes zu Bewegungen an der Geländeoberfläche führen.

Das Luftbild in *Abb. 4.12* erfaßt Teile einer Halde südlich von Magdeburg. Auf der Halde werden Rückstände aus der Soda-Herstellung deponiert. Im Jahr 1975 hat sich unmittelbar neben der Halde ein Tagesbruch ereignet. Die Ursache für das Entstehen von Tagesbrüchen sind Einsturzvorgänge über alten Bergbauhohlräumen. Die Ursache des abgebildeten Tagesbruches wird in lösungsbedingten Weitungen von gefluteten Abbauen des ehemaligen Kalibergbaues am Staßfurter Sattel vermutet (vgl. auch LÖFFLER, 1962 und BRÜCKNER et al. 1983).

Es ist unschwer zu erkennen, daß an der der Halde gegenüberliegenden Seite des Tagesbruches vergleichsweise stabile Verhältnisse vorherrschen. Demgegenüber bricht die Geländeoberfläche in Richtung der Halde schrittweise schalenförmig nach. Hier ist die Einrichtung eines Monitoringsystems sinnvoll. Durch eine multitemporale Auswertung von Luftbildern kann mit hoher Aussagesicherheit festgestellt werden, ob und wann sich die Verhältnisse an der Geländeoberfläche stabilisieren, oder ob ein fortschreitendes Nachbrechen der Ränder des Tagesbruches die Standsicherheit der Haldenböschung gefährdet. Ist letzteres anzunehmen, besteht Handlungsbedarf für weitergehende Kontrollen mit traditionellen geotechnischen Untersuchungs- und Überwachungsverfahren.

Gleichzeitig begünstigt eine fortschreitende mechanische Auflockerung der Sedimentpakete an der Auflagefläche der Halde die Entstehung von Drainagen für den Abfluß von Sickerwässern aus dem Haldeninneren.

Abb. 4.12 (gegenüberliegende Seite): Das Luftbild (Stereopaar) weist auf ein mögliches Gefahrenpotential für die Standsicherheit einer Haldenböschung hin; die Strukturen am Rand des Tagesbruches (Durchmesser ca. 270 m) signalisieren ein schalenförmiges Nachbrechen der Geländeoberfläche in Richtung der Haldenböschung (Aufnahme am 08. Mai 1994: Berliner Spezialflug GmbH im Auftrag der BGR)

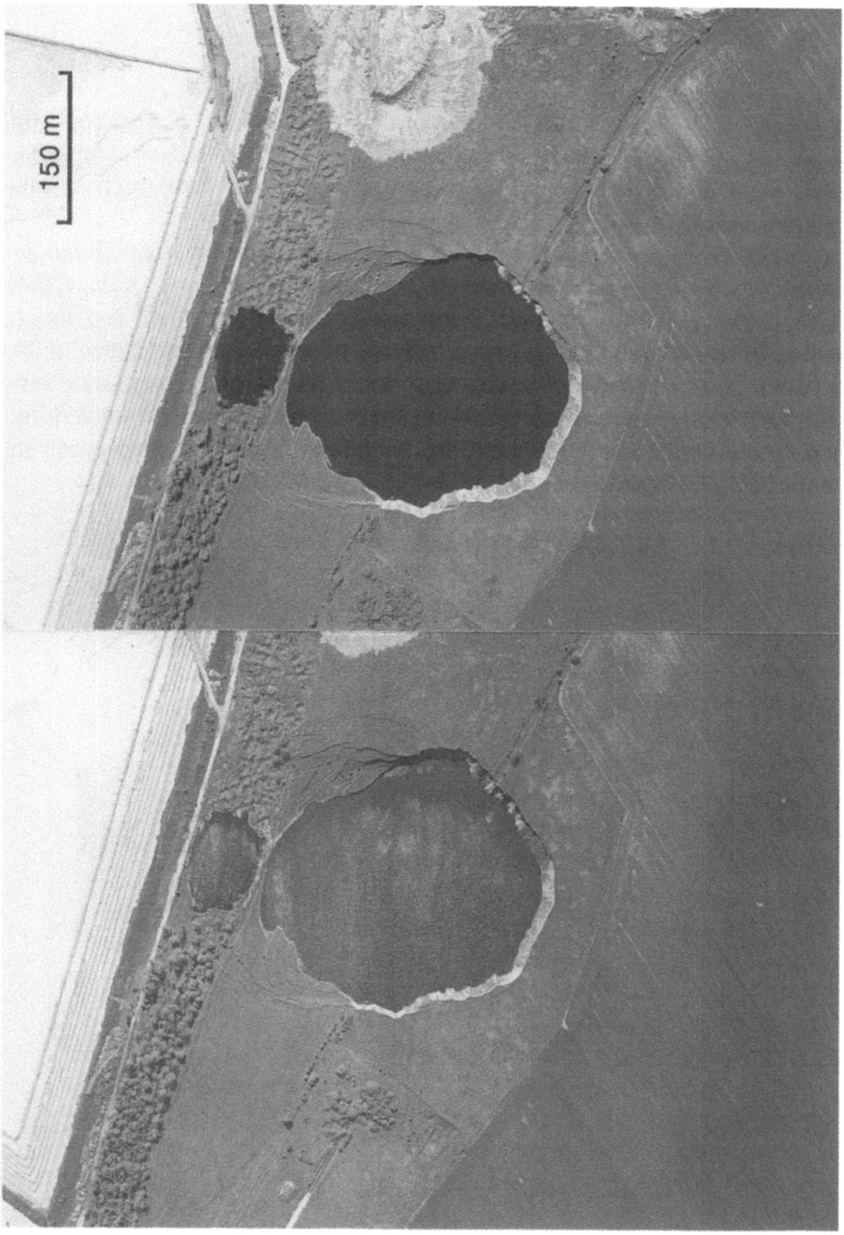
150 m

Vitalitätszustand der Vegetation

Spektralbereich (Datenart): *VIS (CIR-LB):*

Pflanzen sind sehr gute Indikatoren für die Feststellung und Kartierung von Schadstoffen in der Luft, im Boden und im Grundwasser. Voraussetzung ist, daß die Pflanze diese Schadstoffe aufnimmt und mit ihrem Stoffwechsel darauf reagiert (s. Kap. 5.2).

Der Ausschnitt aus dem CIR-Luftbild vom Juli 1990 erfaßt einen Geländeabschnitt östlich der Deponie Vorketzin im Land Brandenburg (*Abb. 4.13*). An einer vorwiegend aus Pappeln bestehenden Baumreihe sind, von unten nach oben zunehmend, zum Teil extreme Schäden erkennbar. Als Ursache für die Schäden ist ein Schadstoffeintrag von der benachbarten Deponie zu vermuten. Zur Bestätigung dieser Vermutung sind Geländekontrollen notwendig. Methodische Aspekte der Kartierung der Vitalität von Vegetation werden in Abschnitt 6.3.2.3.2 beschrieben.

Abb. 4.13: Ausschnitt aus einem CIR-Luftbild der Deponie Vorketzin in Brandenburg; am Rand des Deponiekörpers sind zum Teil extreme Schäden an einer Baumreihe erkennbar (*Pfeil*); Aufnahmemaßstab 1:5 000, LMK 30 (Aufnahme am 28. Juli 1990 durch Berliner Spezialflug, Luftbild GmbH; Abdruck mit freundlicher Genehmigung des Auftraggebers, Gesellschaft für Umwelt- und Wirtschaftsgeologie mbH, Berlin)

Beurteilung des Zustandes von Oberflächengewässern

Spektralbereich (Datenart): *VIS (SW-, CIR-LB)*, MIR-II (Scanner):

Niederschlagswässer nehmen beim Durchgang durch den Deponiekörper wasserlösliche Stoffe auf. Bei fehlender oder unzureichender Abdichtung an der Deponiebasis versickern die meist hochmineralisierten Wässer in den Boden und werden mit dem natürlichen Grundwasserfluß bzw. durch Migration in Kluftsystemen oder porösen Gesteinen in die Umgebung abtransportiert. Über Quellen, Vorfluter oder auch direkte Zuflüsse aus einem belasteten Grundwasserleiter sind Beeinträchtigungen der Oberflächengewässer im Umfeld eines Deponiestandortes möglich. Die im CIR-Luftbild erkennbare blaue Färbung eines einzelnen Gewässers weist auf eine intensive Algenbildung hin (*Abb. 4.14*). Die Ursache ist in einem verstärkten Eintrag von Nährstoffen aus umliegenden Kippen und Deponien oder in direkten Einleitungen von Abwässern zu suchen (vgl. *Abb. 3.4*).

Abb. 4.14: CIR-Luftbild mit wassergefüllten Tongruben ehemaliger Ziegeleien nördlich des Ortes Ketzin im Land Brandenburg; die blaue Färbung des sonst schwarz erscheinenden Wassers gibt Hinweise auf intensive Algenbildung durch erhöhten Nährstoffeintrag (Aufnahme am 28. Juli 1990 durch Berliner Spezialflug, Luftbild GmbH; Abdruck mit freundlicher Genehmigung des Auftraggebers, Gesellschaft für Umwelt- und Wirtschaftsgeologie mbH, Berlin)

Altlasten aus früheren Nutzungen eines Geländes

Spektralbereich (Datenart): *VIS (SW,* CIR-, Color-LB), NIR-I (IR-LB), *MIR-II (Scanner)*:

Das Schwarzweiß-Luftbild (*Abb. 4.15,* oben) zeigt den südwestlichen Rand der Deponie Schöneicher Plan bei Mittenwalde im Land Brandenburg. Außerhalb der Deponieböschung ist eine ackerbaulich genutzte Fläche erkennbar. Die Struktur- und Texturmerkmale weisen nicht zwingend auf das Vorhandensein einer verdeckten Altablagerung unter der Ackerfläche hin. Demgegenüber zeigt das Thermalbild vom gleichen Geländeabschnitt ein differenziertes Temperaturverhalten, welches auf eine Störung der natürlichen Bodenverhältnisse hindeutet (*Abb. 4.15,* unten). Eine Überprüfung vor Ort zeigte, daß die Anomalie offensichtlich mit einer älteren Auffüllung des Geländes in Verbindung steht. Die im Thermalbild erkennbaren geringen Temperaturen sind vermutlich auf eine tonige Abdeckung der Altablagerung zurückzuführen. In diesem Fall ermöglichte erst das Thermalbild die Lokalisierung und die Erfassung der Konturen der Altablagerung sowie die Festlegung von Punkten für deren Beprobung.

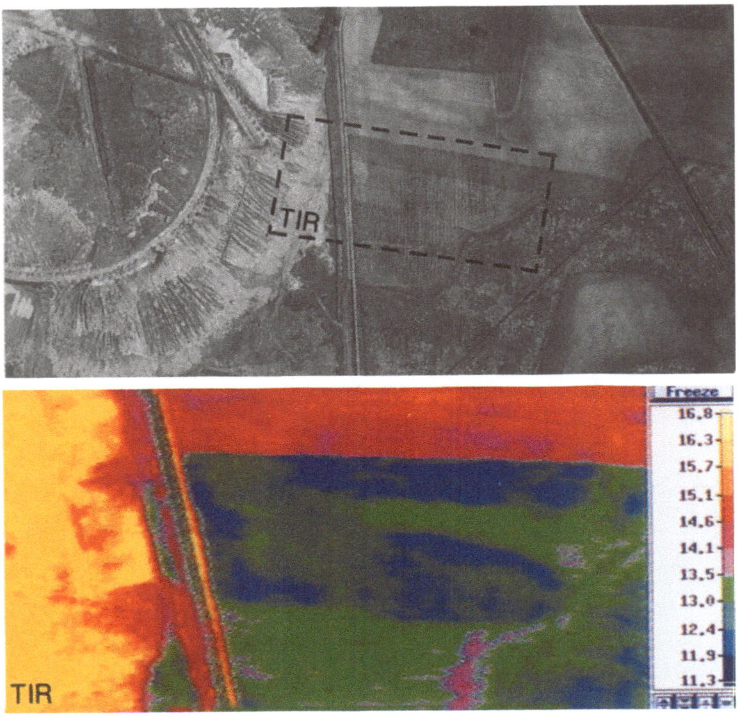

Abb. 4.15: Gegenüberstellung eines Schwarzweiß-Luftbildes vom 15. Mai 1992 (oben) und einer Thermalaufnahme (unten) mit Anzeichen für eine Altablagerung südwestlich der Deponie Schöneicher Plan bei Mittenwalde im Land Brandenburg; (Luftbild: Landesvermessungsamt Brandenburg; Thermalaufnahme vom 13. Mai 1993, 05.11 MEZ: F. Böker/F. Kühn, BGR)

Frühgeschichtliche Ablagerungen

Spektralbereich (Datenart): *VIS (SW, CIR-, Color-LB)*, NIR-I (IR-LB), MIR-II (Scanner):

Bei der im Color-Luftbild (*Abb. 4.16*) sichtbaren Ringstruktur handelt es sich um Spuren einer ringwallartigen frühgeschichtlichen Siedlungsanlage. Die Ringe sind auf erhöhte Anteile humoser Bestandteile im Boden zurückzuführen, welche ihren Ursprung wahrscheinlich in verrotteten Holzpfählen oder einem Grabensystem der ehemaligen Befestigungsanlage haben. Die Ringstrukturen erscheinen auf dem Luftbild sehr deutlich, da die Humusanreicherungen zum Aufnahmezeitpunkt das Wachstum des jungen Wintergetreides fördern (positive Bewuchsmerkmale). Der innere Ring zeigt Unregelmäßigkeiten. Bei Geländekontrollen wurden an einigen dieser Stellen Anhäufungen von Tonscherben festgestellt. Offensichtlich sind hier die Abfälle der Siedlung verkippt worden. Das Beispiel verdeutlicht, daß anthropogene Veränderungen eines Geländes bzw. Altablagerungen auch noch nach hunderten von Jahren im Luftbild erkennbar sein können. Voraussetzung ist, daß durch den Wetterverlauf im zeitlichen Vorfeld der Aufnahmen sowie durch die Art und das Stadium des Bewuchses die dafür notwendigen Bedingungen vorhanden sind.

Abb. 4.16: Color-Luftbild vom 21. Juni 1991 mit Spuren einer ringwallartigen frühgeschichtlichen Siedlungsanlage mit "frühgeschichtlicher Müllkippe" nördlich von Magdeburg in Sachsen-Anhalt (Aufnahme: F. Böker/F. Kühn, BGR)

4.2.3 Erkundung des Untergrundes bestehender Deponien

Die Beurteilung von Eigenschaften der Gesteinsschichten unter einer bestehenden Deponie verlangt Fernerkundungsdaten aus der Zeit vor der Einrichtung der Deponie. Mit Einschränkungen können auch aktuelle Daten ausgewertet werden, wenn unter den standortspezifischen Bedingungen eine Fortschreibung der außerhalb des Deponiekörpers festgestellten Verhältnisse vertretbar ist. Im Regelfall sind Daten aus den Luftbildarchiven die Hauptquellen für Informationen zum Untergrund bestehender Deponien.

Im vorausgehenden Abschnitt über die "Erkundung des Deponieumfeldes" wurden Auswertekriterien beschrieben, die ohne Einschränkung auch bei der Beurteilung des Untergrundes bestehender Deponien nach Archivdaten angewendet werden können. Diese Interpretationsmerkmale umfassen Kriterien für die Erfassung von:

- geringen Flurabständen des ersten Grundwasserleiters (s. a. Kapitel 6.3),
- erhöhten Anteilen wasserstauender Gesteinsschichten der Versickerungszone unter einer Deponie (s. a. Kapitel 6.3),
- potentiellen Migrationswegen für Sickerwässer in Klüften, Störungen sowie wasserdurchlässigen Gesteinsschichten (s. a. Kapitel 6.2).

Darüber hinaus kann die Auswertung der Archivdaten weitere wichtige Angaben über das Deponieauflager liefern. So können Eingriffe in die natürlichen Lagerungsverhältnisse an der Deponiebasis den Abfluß von Sickerwässern begünstigen, beispielsweise durch:

Abgrabung der ehemaligen Geländeoberfläche unter einer Deponie

Spektralbereich (Datenart): *VIS (SW-*, CIR-, Color-LB), NIR-I (IR-LB):

Es existieren heute zahlreiche Deponien, die in Hohlformen, alten Steinbrüchen, Ton- und Kiesgruben, Erdfällen oder auch Tagesbrüchen angelegt wurden. Eine frühere Abtragung von Gesteinen und Sedimenten unter einem heute zur Ablagerung von Abfällen genutzten Gelände ist gleichbedeutend mit einer Minderung der wasserstauenden bzw. filternden Eigenschaften des Deponieuntergrunds.

Das Luftbild von 1991 zeigt eine stillgelegte Deponie südlich der Stadt Ludwigslust in Mecklenburg/Vorpommern (*Abb. 4.17*, Stereopaar). Das Stereopaar von 1953 weist an der gleichen Stelle eine tiefe Abgrabung auf, die auf einen früheren Abbau von Kies zurückzuführen ist (*Abb. 4.18*). Die nachfolgende Verkippung von Abfällen in die ehemalige Kiesgrube bewirkt im Vergleich zu einer Ablagerung an der natürlichen Geländeoberfläche eine Verkürzung der Migrationswege für schadstoffbelastete Sickerwässer aus der Deponie in den obersten Grundwasserleiter. Damit wird die in der Hydrogeologischen Karte der DDR (VOIGT et al., 1987) angegebene geringe Filterwirkung der anstehenden Sedimentschichten mit Anteilen bindiger Bestandteile <20% weiter reduziert. Ein Handlungsbedarf für weitere Erkundungen ist damit gegeben. Die stereoskopische Auswertung des Bildpaares von 1953 gestattet die Bestimmung der Tiefe und der flächenhaften Ausdehnung der ehemaligen Kiesgrube und damit eine Abschätzung der Menge der deponierten Abfälle (vgl. auch Fallbeispiel Eulenberg in Kapitel 6.2).

Abb. 4.17: Das Luftbild vom 7. Juli 1991 (Stereopaar) zeigt eine ehemalige Deponie südöstlich der Stadt Ludwigslust in Mecklenburg-Vorpommern (*Pfeil*); der heute abgedeckte und zum Teil mit Büschen bewachsene Deponiekörper ragt leicht über die Geländeoberfläche hinaus (Abdruck mit freundlicher Genehmigung des Amtes für Militärisches Geowesen in Euskirchen)

Abb. 4.18: Das Archivluftbild vom 26. Mai 1953 (Stereopaar) zeigt an der Stelle der heutigen Deponie südöstlich von Ludwigslust eine tiefe Kiesgrube (vgl. *Abb. 4.17*); die unmittelbare Verkippung von Müll in die Grube ist hier gleichbedeutend mit einer Verkürzung des Weges für belastete Sickerwässer aus der Deponie in den obersten Grundwasserleiter (Quelle: uve GmbH Berlin)

4.2.4 Standortsuche

Die Anwendung von Fernerkundungsverfahren sollte nicht auf die Untersuchung vorhandener Deponien begrenzt bleiben. Auch bei der Vorbereitung von Entscheidungen über die Einrichtung neuer Deponien ist die Fernerkundung in der Lage, im Verbund mit den anderen geologisch-geophysikalischen Untersuchungsverfahren zur Klärung von Standortfragen beizutragen. So können durch die Beurteilung eines Geländes nach den zuvor erläuterten Kriterien bereits in relativ frühen Phasen der Standortfindung grundsätzliche Aspekte der Eignung oder Nichteignung eines Deponiestandortes kurzfristig und kostengünstig bewertet werden. Darauf aufbauend sind die in jedem Fall erforderlichen Folgeuntersuchungen mit traditionellen Erkundungsverfahren zielgerichtet ansetzbar.

Bei der Vorbereitung von Standortentscheidungen können Fernerkundungsverfahren zur Erfassung und Bewertung folgender Geländemerkmale bzw. -kriterien beitragen:

(a) Anzeichen für das Vorhandensein natürlicher und künstlicher Wegsamkeiten für die Ausbreitung von Sickerwässern aus künftigen Deponien, zum Beispiel:

- Bodensubstrate mit hohen Anteilen nichtbindiger Bestandteile (Sande, Kiese) bzw. poröse Gesteine,
- Rinnenstrukturen mit sandigen Füllungen unter und im unmittelbaren Umfeld der geplanten Deponie als potentielle natürliche Drainagesysteme,
- bestehende und ehemalige natürliche Wasserläufe (Bäche, Fließe u.ä.),
- Störungen und Kluftsysteme,
- künstliche Drainagesysteme und Gräben;

(b) Hinweise auf das Vorkommen und die Verteilung wasserstauender/abdichtender Gesteine am Standort einer geplanten Deponie;

(c) Indikationen für die Existenz von Quellen und Feuchtgebieten;

(d) Hinweise auf geringe Flurabstände des Grundwassers am vorgesehenen Standort;

(e) Hinweise auf mögliche landschaftliche Verbindungen zu Schutzgebieten;

(f) Informationen über künstliche Abtragungen von den Gesteinsschichten an einem vorgesehenen Deponiestandort (Minderung der wasserstauenden bzw. filternden Wirkung natürlicher Basisabdichtungen):

- ehemalige Kiesgruben, Steinbrüche, Baugruben, Wegeinschnitte u.ä.,
- unterirdische Anlagen, alte Brunnen und Schächte, ehemalige Gräben und Tunnel für die Verlegung von Leitungen u.ä.;

(g) Hinweise auf bereits existierende potentielle Quellen für Umweltbelastungen und sonstige Gefahrensituationen (Deponien, Kippen, Rieselfelder und Kläranlagen, Recyclinganlagen, Geländeauffüllungen, verfüllte Bombentrichter, Blindgänger, stillgelegte Industrieanlagen, frühere Kriegsschäden, Anlagen der Intensivtierhaltung, Industrie-, Lager-, Umschlags- und Transportbereiche mit Anzeichen für die Freisetzung von Schadstoffen u.ä.).

In vielen Fällen wird bereits auf der Grundlage von Fernerkundungsdaten eine erste aussagekräftige Charakterisierung eines zur Auswahl stehenden Geländes möglich werden. Die endgültige Entscheidung über einen neuen Deponiestandort wird jedoch erst nach einer gezielten Erkundung mit den traditionellen Untersuchungsverfahren getroffen werden können. Unter bestimmten Bedingungen können aber ausschließlich auf der Basis von Fernerkundungsdaten erstellte Gutachten bereits für den Ausschluß eines Geländes als potentieller Deponiestandort ausreichend sein.

Zur richtigen Einordnung der aus Fernerkundungsdaten abgeleiteten Informationen ist noch einmal zu unterstreichen, daß es sich vor allem bei den Aussagen, die sich auf den Zustand von Gesteinen, Böden und Vegetation beziehen, meist um "Indizien" handelt. Der Informationsgehalt einer nach Fernerkundungsdaten erstellten Karte hängt damit auch von der Erfahrung des Auswerters und der wiederholten Erkennbarkeit bestimmter Geländedetails aus Daten unterschiedlicher Sensoren und zu verschiedenen Aufnahmezeiten ab. Stichprobenartige Geländekontrollen zur Überprüfung bzw. Verifizierung der Interpretationsergebnisse sind stets erforderlich.

5 Begleitende Geländeuntersuchungen

5.1 Geländekontrollen

Geländekontrollen oder Groundchecks sind ein wichtiger Bestandteil von Fernerkundungsvorhaben. Geländekontrollen sind erforderlich, da die von Fernerkundungsdaten abgeleiteten thematischen Informationen stets das Ergebnis einer mehr oder weniger subjektiven Interpretation sind. Eine wichtige Voraussetzung für die Qualität der Ergebnisse ist die fachliche Erfahrung des Auswerters. Trotzdem wird auch ein in der Interpretation von Luft- und Satellitenbildern erfahrener Auswerter nicht ohne begleitende Geländekontrollen arbeiten.

Geländekontrollen sind nötig, um Interpretationsschlüssel für die thematische Interpretation bestimmter Geländemerkmale zu erarbeiten. Dabei ist zu beachten, daß eine Aufnahmeserie einen Augenblickszustand des Geländes aufzeichnet. Bei der Erarbeitung der Interpretationsschlüssel werden typische aufgabenbezogene Geländemerkmale einschließlich ihrer natürlichen und anthropogenen Veränderungen erfaßt und mit der Art und Weise ihrer Abbildung auf Luft- und Satellitenbildern verglichen. Damit wird eine Zuordnung der auf den Bildern erkennbaren Grauwertmuster, Strukturen und Texturen zu natürlichen und künstlichen Objekten an der Erdoberfläche möglich. Neben der Erarbeitung des Interpretationsschlüssels dienen Geländekontrollen der laufenden stichprobenartigen Überprüfung von Interpretationsergebnissen. Sie sollten vor dem Abschluß eines Projektes und nach Möglichkeit auch während der laufenden Untersuchungen erfolgen.

Geländekontrollen werden in der Regel ohne größere technische Hilfsmittel durchgeführt. Aufgabe der Geländekontrollen ist in erster Linie die visuelle Ansprache von Komponenten eines Geländes und die unmittelbare Überprüfung ihrer Abbildung in den Luft- und Satellitenbildern. Abgesehen von speziellen photogeologischen Kartierungen werden bei den Geländekontrollen nur in Ausnahmefällen Proben für Laboranalysen entnommen. Bei umweltorientierten Projekten bleiben die Gewinnung und Laboranalyse von Boden- und Wasserproben meist den Nachfolgeuntersuchungen vorbehalten.

Die Durchführung von Kontrollen wird kompliziert, wenn mittels historischer Luftbildauswertung ein Gelände zu überprüfen ist, dessen Oberfläche gegenüber seiner Abbildung auf alten Luftbildern heute völlig andere Merkmale aufweist. Dieser Sachverhalt ist bei der Rekonstruktion von Eigenschaften ehemaliger Geländeoberflächen unter heutigen Deponien gegeben. Hier ist die Durchführung von Geländekontrollen nicht möglich. Es hängt von der Erfahrung des jeweiligen Bearbeiters ab, wie weit seine Interpretation der alten Luftbilder die tatsächlich an der Deponiebasis bestehenden und heute nicht mehr einsehbaren Verhältnisse trifft. In derartigen Fällen sollte versucht werden, über Analogien zum natürlichen Umfeld der abgedeckten Geländeoberfläche die Auswerteergebnisse so weit wie möglich zu verifizieren.

5.2 Spektrometeruntersuchungen

Erfahrungsgemäß führt die Interpretation struktureller und textureller Oberflächenmerkmale nach herkömmlichen Schwarzweiß-, Farb- oder Farbinfrarotluftbildern zu eindeutigen Aussagen. Demgegenüber ist die Beurteilung stofflicher Anomalien oft mit erheblichen Unsicherheiten behaftet. Unsicherheiten können bei der Ansprache von Substraten bzw. Substratänderungen auftreten, wenn diese auf Luftbildern in ähnlichen Grau- oder Farbtönen abgebildet werden. So kann zum Beispiel bei Schwarzweiß-Luftbildern die Unterscheidung zwischen Humusrückständen, Feuchteanomalien, Brandspuren und Ölverunreinigungen in sandigen Böden schwierig werden. Derartig modifizierte bzw. belastete Sandböden werden im allgemeinen in vergleichbaren dunklen Tönungen abgebildet. Abgesehen von Feuchteanomalien, die bei stereoskopischer Auswertung gewöhnlich mit dem Relief des Geländes korrelieren, ist in diesen Fällen nur bei Einsatz multispektraler Fernerkundungssysteme eine verbesserte Aussagefähigkeit zu erwarten.

Verglichen mit ausschließlich auf konventionelle Luftbilder gestützten Projekten erfordert die Gewinnung, Verarbeitung und Auswertung multispektraler Fernerkundungsdaten höhere technische und finanzielle Aufwendungen. Bei kleineren Vorhaben mit begrenztem Budget muß deshalb oft auf die Anwendung multispektraler Verfahren verzichtet werden. In diesen Fällen werden die konventionellen Luftbilder das Hauptarbeitsmittel bleiben.

Für Anwendungen der multispektralen Fernerkundung oder die Auswahl spezieller Arten von Luftbildfilmen sind Kenntnisse über die spektralen Reflexionseigenschaften natürlicher und künstlicher Objekte an der Erdoberfläche erforderlich. Die unter dem Begriff "Spektralsignaturen" bekannten Reflexionseigenschaften sind eine Art Schlüssel für deren Identifizierung mit Mitteln der Geofernerkundung.

Wie bereits erwähnt, erfassen Fernerkundungssysteme die durch Wechselwirkung mit der Materie an der Erdoberfläche geprägte Strahlung. Multispektrale Fernerkundungsverfahren sind damit in der Lage, auf stoffliche und strukturelle Eigenschaften der Geländeoberfläche direkt zu reagieren. Voraussetzung ist, daß die Sensoren der multispektralen Flugzeug- oder Satelliten-Fernerkundungssysteme einschließlich der nachgeordneten digitalen Bildverarbeitungsprozeduren zielgerichtet auf die Erkennung bestimmter spektraler Merkmale bzw. Signaturen der zu untersuchenden Objekte programmiert werden können.

Die spektralen Signaturen charakterisieren die von der Geländeoberfläche nach Wechselwirkung mit der einfallenden Sonnenstrahlung zurückgestrahlten elektromagnetischen Wellen. Die Art und Weise der Wechselwirkungsmechanismen ist von den materialspezifischen Eigenschaften der Geländeoberfläche und von der Wellenlänge des interessierenden Strahlungsbereiches abhängig. Ihre Bestimmung kann entweder unter in situ Bedingungen oder im Labor bei künstlicher Beleuchtung erfolgen.

Für die Bestimmung der Spektralsignaturen im Gelände und im Labor standen Spektrometer des Typs GER IRIS MARK IV und MARK V (*Tabelle 5.1* und *Abb. 5.1*) sowie ein Eigenbauspektrometer zur Verfügung.

Abb. 5.1: Feldspektrometer GER IRIS MARK IV während der Bestimmung der spektralen Signaturen eines ölbelasteten Sandbodens

Tabelle 5.1: Ausgewählte Geräteparameter des Spektrometers GER IRIS MARK V

Spektralbereich:	0,3 - 3,0 µm
Spektrale Bandbreiten:	2 nm (von 0,3 - 1,05 µm)
	4 nm (von 1,0 - 1,8 µm)
	6 nm (von 1,75 - 3,0 µm)
Anzahl der Kanäle: (Meßstellen)	875 - 1120 je nach Meßvariante
Meßzeit/Spektrum:	95 - 115 s
Meßfläche (Target):	5 cm x 12 cm bei 1 m Meßabstand

Die Spektrometer wurden als Feldgeräte konzipiert, eignen sich aber auch für Laboruntersuchungen. Ihr spektraler Arbeitsbereich reicht von 0,37 - 2,52 µm (Mark IV) und 0,3 - 3,0 µm (Mark V). Er wird mit Hilfe von je zwei verschiedenen Detektoren, einem Siliziumdetektor für den Strahlungsbereich von 0,3 - 1,08 µm und einem Bleisulfiddetektor für den Bereich von 1,07 - 3,0 µm, realisiert. Durch die gemeinsame Eingangsoptik mit einem Öffnungswinkel von 6° gelangt die am Meßobjekt und Eichnormal ($BaSO_4$-Platte) gleichzeitig reflektierte Strahlung in den optischen Meßkopf des Systems. Die Zerlegung des einfallenden Lichts in die einzelnen Wellenlängen erfolgt über ein Spiegelsystem an drei sich im Spektralbereich überlappenden Strichgittern (Ebert-Monochromatoren). Die Justierung des Filterrades und der Gitter wird von einem Mikroprozessor gesteuert. Nach Aufspaltung in die einzelnen Wellenlängen trifft die ankommende Strahlung, getrennt für Meßobjekt und Eichnormal, auf den Siliziumdetektor im unteren Wellenlängenbereich bis 1,08 µm bzw. den Bleisulfiddetektor im Meßbereich >1,07 µm auf. Die Halbleiterdetektoren arbeiten nach dem photoelektrischen Prinzip, d.h. die anliegende Spannung ist der Intensität des einfallenden Lichts proportional. Über zwei Vorverstärker gelangt das analoge Signal in die Datenaufzeichnungseinheit, wo es in ein digitales Signal umgewandelt und gespeichert wird. Die Steuerung des Meßvorganges einschließlich der Sicherung und Speicherung der Meßdaten erfolgt über eine auf einem Laptop installierte Systemsoftware.

Die Erforschung und Untersuchung der Spektralsignaturen von Gesteinen, Böden und Vegetation ist ein Teilgebiet der Fernerkundung (vgl. HUNT et al. 1983, COLWELL 1983, CHANG U. COLLINS 1983, COLLINS et al. 1983, GOETZ et al. 1983, CRAWFORD 1987, CLOUTIS 1989, HAUFF 1993, KÜHN & HÖRIG 1994). Eine kontinuierliche Erforschung der spektralen Eigenschaften natürlicher und künstlicher Objekt- bzw. Geländeoberflächen ist vor allem auch im Hinblick auf die ständige Weiterentwicklung der Fernerkundungssensoren erforderlich. So besteht gegenwärtig mit den abbildenden Flugspektrometern ein technischer Vorlauf gegenüber dem praktisch umsetzbaren Kenntnisstand über die Spektralsignaturen (vgl. Abschn. 3.2.2.3). Hier gilt es, durch eine zielgerichtete Forschung die Möglichkeiten thematischer Anwendungen weiter zu verbessern.

Eine im sichtbaren Bereich und nahen Infrarot des elektromagnetischen Spektrums ermittelte Spektralsignatur gibt an, welche prozentualen Anteile der auf ein Untersuchungsobjekt einfallenden Sonnenstrahlung in Abhängigkeit von der Wellenlänge zurückgestrahlt werden. Die Intensität der Rückstrahlung ist von den Anteilen der gerichteten und diffusen Reflexion, der Streuung und Absorption an der Oberfläche des Untersuchungsobjektes abhängig.

Am Beispiel eines sandigen Bodens soll eine kurze Einführung in die Natur der Spektralsignaturen gegeben werden. In *Abb. 5.2* sind die spektralen Signaturen eines Sandbodens im unbelasteten Zustand (1), mit unterschiedlich starker Verschmutzung durch Motorenöl (2/3), erhöhtem Feuchtegehalt (4) und Brandspuren (5) dargestellt. Die Messungen erfolgten im Gelände mit dem GER IRIS MARK IV Spektrometer.

Die Spektralsignaturen des unbelasteten Sandbodens zeigen mit der Zunahme der Feuchte eine Abnahme des Helligkeitsniveaus im Verlauf der Kurve. Einen scheinbar ähnlichen Trend weisen die Spektralsignaturen der ölkontaminierten Böden auf. Auffällig ist auch hier eine zunehmende Dämpfung der Reflektanz mit steigender Ölbelastung. Das erklärt die Wiedergabe ölverschmutzter und feuchter Sandböden in vergleichbaren dunklen Grautönen auf panchromatischen Luftbildern. Auf den ersten Blick erscheint eine Differenzierung nach den spektralen Eigenschaften gleichfalls problematisch. Die Spektralsignaturen der Sandböden zeigen aber außerhalb des sichtbaren Lichtes typische Merkmale, die als Indikatoren für die multispektrale Unterscheidung von Öl und Wasser in Sandböden Verwendung finden können. Die Spektralsignatur des ölverschmutzten Sandbodens besitzt im Wellenlängenbereich zwischen 2250 nm und 2500 nm eine sogenannte "Ölwanne" (Ö), die mit zunehmender Belastung tiefer wird. Gleichzeitig fällt eine Zunahme der Steilheit der abfallenden Flanke (F) bei 2250 nm auf. Demgegenüber ist die Spektralsignatur der Bodenfeuchte (4) im gleichen Bereich bei 2450 nm durch eine annähernd keilförmige Form (K) charakterisiert. Spektrometermessungen an kohlenwasserstoffhaltigen Gesteinen und Böden erfolgten auch von HAUFF (1993) und CLOUTIS (1989).

Das unterschiedliche spektrale Reflexionsverhalten von Öl und Wasser wird in der Gradientenform besonders auffällig (*Abb. 5.3*). Hier liegen Ansatzpunkte für eine direkte Erkennung von Ölverunreinigungen in Böden mit abbildenden Flugspektrometern. Abbildende Spektrometer besitzen die erforderliche hohe spektrale Auflösung, die für eine Erfassung solcher schwacher Reflektanzanomalien benötigt wird.

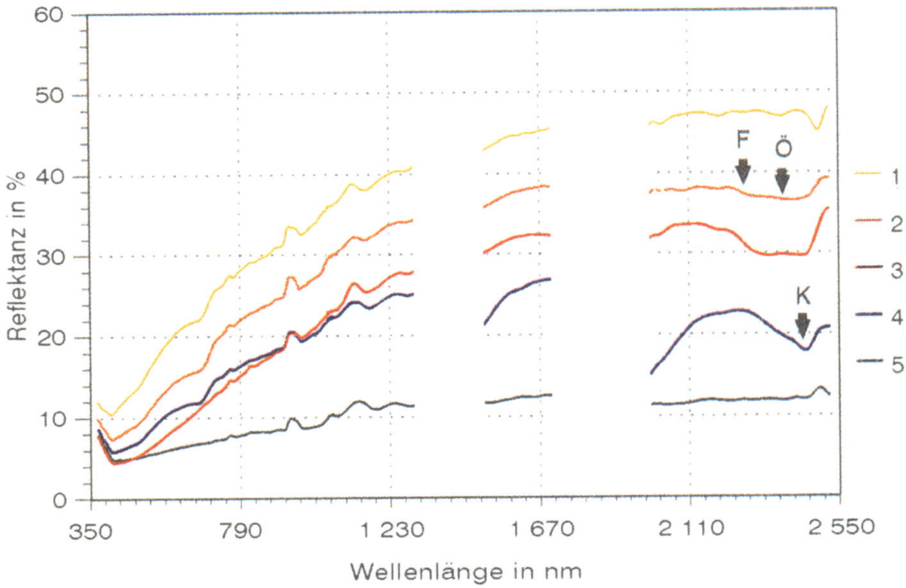

Abb. 5.2: Spektralsignaturen eines hellen Sandbodens auf einem Truppenübungsplatz im unbelasteten Zustand (*1*), gering (*2*) und stark (*3*) mit Motorenöl belastet, in feuchtem Zustand (4) und mit Brandspuren (*5*); markante Signaturmerkmale: Ölwanne (*Ö*), Flanke (*F*) und Keilform (*K*) (vgl. KÜHN & HÖRIG 1994)

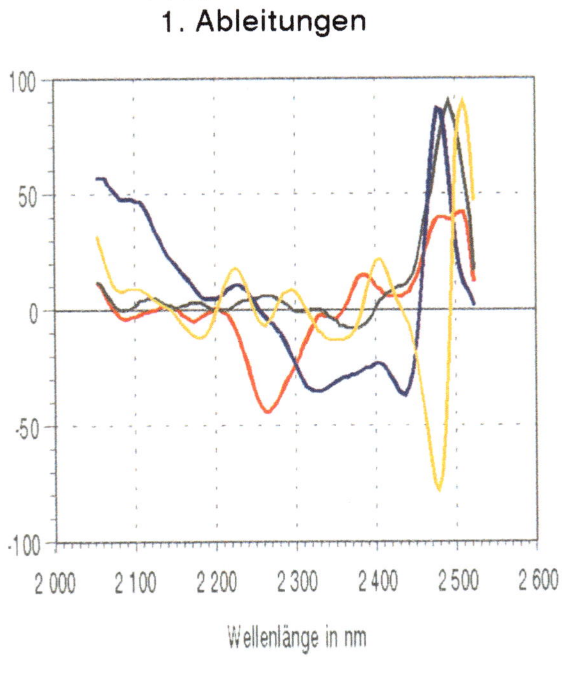

Abb. 5.3: Spektralsignaturen von *Abb. 5.2* in Gradientendarstellung, berechnet für den Abschnitt 2000 - 2550 nm: heller Sandboden, unbelastet (*gelb*), ölkontaminiert (*rot*), mit Brandspuren (*schwarz*) und feucht (*blau*)

Eine unmittelbare Umsetzung dieses Wissens zur routinemäßigen Erkundung ölbelasteter Böden, beispielsweise nach Unfällen, Havarien oder bei Ablagerungen auf Deponien, erfordert weitere methodische Untersuchungen. Mit analogen spektrometrischen Messungen werden zur Zeit die Möglichkeiten der multispektralen Erkennung weiterer Kontaminanten untersucht.

Bei umweltorientierten Untersuchungen werden auch Pflanzen als Indikatoren für Belastungen des Bodens und des Grundwassers genutzt. Die meisten Pflanzen reagieren sehr sensibel auf Veränderungen ihres Lebensraumes. Dadurch entstehen typische Änderungen der spektralen Reflexion des auf die Blattoberflächen einfallenden Sonnenlichtes, ein Effekt, der von speziellen Verfahren der Fernerkundung bzw. speziellen Arten von Luftbildfilmen als Erkennungsmerkmal für die Kartierung umweltbelasteter Räume genutzt werden kann.

Schadstoffbedingte Veränderungen der spektralen Reflexionseigenschaften von Pflanzen sind gleichfalls mit Spektrometern meßbar. In *Abb. 5.4* werden am Beispiel von Grasproben einige grundlegende Aspekte der spektralen Reflexion des auf Blattoberflächen einfallenden Sonnenlichtes erläutert. In der Abbildung sind die Spektralsignaturen unbelasteter Grasproben denen eines schwermetallbelasteten Standortes gegenübergestellt. Die Messungen erfolgten mit dem Spektrometer des ehemaligen Zentralen Geologischen Institutes Berlin im Spektralbereich von 0,4 - 1,1 µm (HÖRIG et al., 1985).

Die Spektralsignatur eines gesunden grünen Blattes besitzt im Spektralbereich von 0,4 - 1,1 µm einen markanten Verlauf. Die intensive Absorption des Lichtes im Spektralbereich von 0,4 µm bis etwa 0,69 µm wird auf die im Mesophyll enthaltenen Pigmente zurückgeführt, wobei die bei 0,45 µm absorbierte Sonnenstrahlung die für die Photosynthese notwendige Energie liefert. Die Strahlungsabsorption durch Chlorophyll führt zu typischen Banden bei 0,45 µm und 0,67 µm. Demgegenüber wird der grüne Anteil des Lichtes etwas stärker reflektiert, was sich in einem lokalen Maximum bei 0,55 µm ausdrückt. Eine Übergangszone vom Absorptions- zum Reflexionsverhalten des Blattes wird durch einen starken Anstieg im Wellenlängenbereich von 0,69 - 0,75 µm charakterisiert (Red Edge). Am stärksten wird die auf eine Blattoberfläche auftreffende Strahlung im Bereich von 0,75 bis 1,1 µm reflektiert (IR-Plateau). Ausschlaggebend für diese typischen Reflexionsmerkmale ist die interne Gewebestruktur bzw. Zellorganisation der Blätter. Außerhalb des Darstellungsbereiches von *Abb 5.4* existieren markante Banden bei 1,45 µm und 1,96 µm, die infolge der Strahlungsabsorptionen durch das im Blattgewebe enthaltene Wasser entstehen. Eine ausführliche Erläuterung dieser Merkmale findet sich bei KRONBERG (1985).

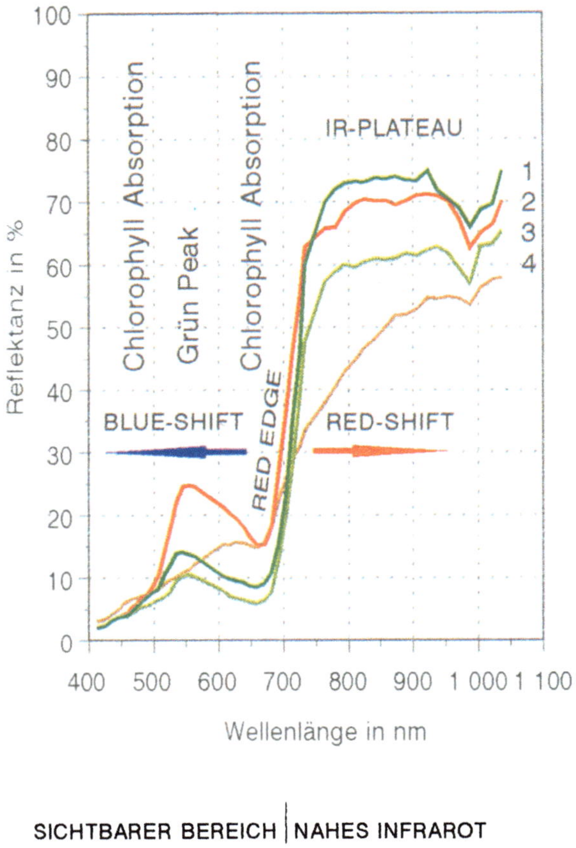

Abb. 5.4: Spektralsignaturen von Gras im Spektralbereich von 0,4 - 1,1 µm: im unbelasteten Zustand (*1*), kurzzeitig gering (*2*) und langanhaltend intensiv mit Schwermetallen belastet (*4*) sowie nach natürlicher Alterung (*3*)

Das spektrale Reflexionsverhalten von unbelasteter Vegetation ändert sich mit der phänologischen Entwicklung im Laufe einer Vegetationsperiode. So verändern sich Chlorophyllgehalte, interne Gewebe- und Zellstrukturen sowie Anteile des im Blattgewebe enthaltenen Wassers infolge des natürlichen Alterungsprozesses.

Analoge Effekte treten auf, wenn Pflanzen Belastungen durch Schadstoffe aus dem Boden, dem Grundwasser oder der Atmosphäre ausgesetzt sind. Darüber hinaus können Streßerscheinungen durch sonstige Veränderungen des natürlichen Lebensraumes der Pflanzen, wie zum Beispiel infolge von Grundwasserschwankungen oder in Trockenperioden, entstehen. Merkmale von Pflanzenstreß sind mit Hilfe von Fernerkundungssensoren erfaßbar und zur Kartierung kontaminierter und anderweitig veränderter Geländebereiche nutzbar. Einfachstes Mittel ist der CIR-Film (vgl. Abschn. 3.2.1 und 6.3.2.3.2).

Eine unter Streß stehende Pflanze ist in den Spektralsignaturen grundsätzlich an folgenden Merkmalen erkennbar:

Wellenlängenbereich 0,4 - 1,1 µm:

- Abbau der Chlorophyll-Absorptionsbanden bei 0,45 µm und 0,67 µm,
- Abbau des lokalen Maximums oder "Grün-Peaks" bei 0,55 µm,
- genereller Anstieg der Lichtreflexion im sichtbaren Bereich,
- Absenkung des Infrarot-Plateaus.

Wellenlängenbereich 1,1 - 2,5 µm (außerhalb des Darstellungsbereiches in *Abb. 5.4*):

- Abbau ausgeprägter Wasser-Absorptionsbanden bei 1,45 µm und 1,96 µm,
- genereller Anstieg der Strahlungsreflexion.

In der Fachliteratur der 80er Jahre wurde von einer Autorengruppe um COLLINS (CHANG & COLLINS 1983, COLLINS et al. 1983) vorgeschlagen, Verschiebungen der Lage der IR-Absorptionskante (Red Edge) als Anzeiger für Pflanzenstreß zu verwenden. COLLINS stellte fest, daß diese Kante bei Belastungen durch Schwermetalle in Richtung des blauen (blue shift) oder des roten Lichtes (red shift) verschoben wird. Die praktische Nutzung dieses Effektes ist jedoch an extrem schmalbandig messende Spektrometer bzw. Flugzeugsensoren gebunden ($\Delta\lambda$ ca. 2 nm). Darüber hinaus ist es bisher offenbar noch nicht gelungen, Blau- bzw. Rotverschiebungen routinemäßig zur Erkennung von Schadstoffbelastungen zu nutzen.

Auf der Suche nach geeigneteren Interpretationskriterien wurde versucht, eine Alternative zu dem von COLLINS vorgeschlagenen Kriterium zu finden. Ein solches Interpretationskriterium sollte auch mit vergleichsweise breitbandigen Spektrometern ($\Delta\lambda$ ca. 10 nm) erfaßbar sein und eine bessere Aussagesicherheit besitzen. Entsprechende methodisch-experimentelle Untersuchungen führten zu einem Auswerteverfahren, welches den Anstieg der IR-Absorptionskante als Kriterium zur Differenzierung zwischen unbelasteter und belasteter Vegetation nutzt. Unter Anwendung mathematisch-statistischer Verfahren wurde eine Methodik entwickelt, die auf der Berechnung eines funktionalen Zusammenhanges zwischen der mittleren Reflektanz im Bereich des IR-Plateaus von 0,79 - 0,89 µm und dem Anstieg der IR-Absorptionskante (Red Edge) beruht. Die Berechnung des Anstieges erfolgte mit Hilfe einer Regressionsanalyse der Wertepaare eines definierten Wellenlängenbereiches.

Die *Abb. 5.5* enthält die zusammengefaßten Ergebnisse der statistischen Analyse spektrometrischer Untersuchungen von Grasproben, von denen einige über einen längeren Zeitraum künstlich mit einer Lösung aus Metall-Ionen und Chloriden kontaminiert wurden. Dies geschah schrittweise bis zum Erreichen einer vorgegebenen, an vorhandenen Analyseergebnissen orientierten, maximalen Schadstoffkonzentration. Die statistische Analyse zeigt deutliche Abweichungen in der Anordnung der Punkteschar belasteter (neben der Regressionsgeraden liegend) und unbelasteter Pflanzenproben. Letztere werden durch eine Gerade beschrieben (Korrelationskoeffizient = 0,96). Es wurde festgestellt, daß das Ausmaß der Abweichungen von der Regressionsgeraden von der Intensität und der Dauer der Schadstoffeinwirkung abhängt.

Mit dieser Form der mathematisch-statistischen Analyse besteht ein Algorithmus, dessen Anwendbarkeit bei allen Meßreihen nachgewiesen werden konnte. Sowohl für verschiedene Arten von Vegetation als auch unterschiedliche Formen von Kontaminanten konnten eindeutige Ergebnisse erzielt werden.

Des weiteren wurde bei den ausgewerteten Meßreihen eine Differenzierbarkeit zwischen Streßerscheinungen durch Umweltbelastungen und als Folge der natürlichen Entwicklung und Alterung von Pflanzen im Verlauf der Vegetationsperiode (Phänophase) festgestellt. Bei sämtlichen Meßreihen war erkennbar, daß natürlicher Streß, wie er bei Pflanzen infolge der natürlichen Alterung gegeben ist, ausschließlich zu Verschiebungen entlang der Regressionsgeraden führt. Die Wertepaare gesunder junger Pflanzen lagen grundsätzlich im oberen Bereich, diejenigen gesunder, aber alternder bzw. unterschiedlich entwickelter Pflanzen dagegen im unteren Bereich der Regressionsgeraden. Hier liegt offensichtlich ein Vorteil der vorgestellten Methode gegenüber den in der bisherigen Literatur angegebenen Verfahrensweisen. Durch diese Möglichkeit zur zusätzlichen Differenzierung zwischen natürlichem und kontaminationsbedingtem Pflanzenstreß ergeben sich Ansatzpunkte für eine Verbesserung der Aussagesicherheit bei der Erkundung von Umweltschäden mit multispektralen Fernerkundungsverfahren.

Eine künftige Anwendung dieser Prozedur bei der digitalen Auswertung von Aufnahmen schmalbandiger abbildender Flugspektrometer ist denkbar. Eine unmittelbare Umsetzung dieses Wissens zur routinemäßigen Erkundung belasteter Böden über Bioindikatoren erfordert, wie im Falle der Böden, weitere experimentelle Tests.

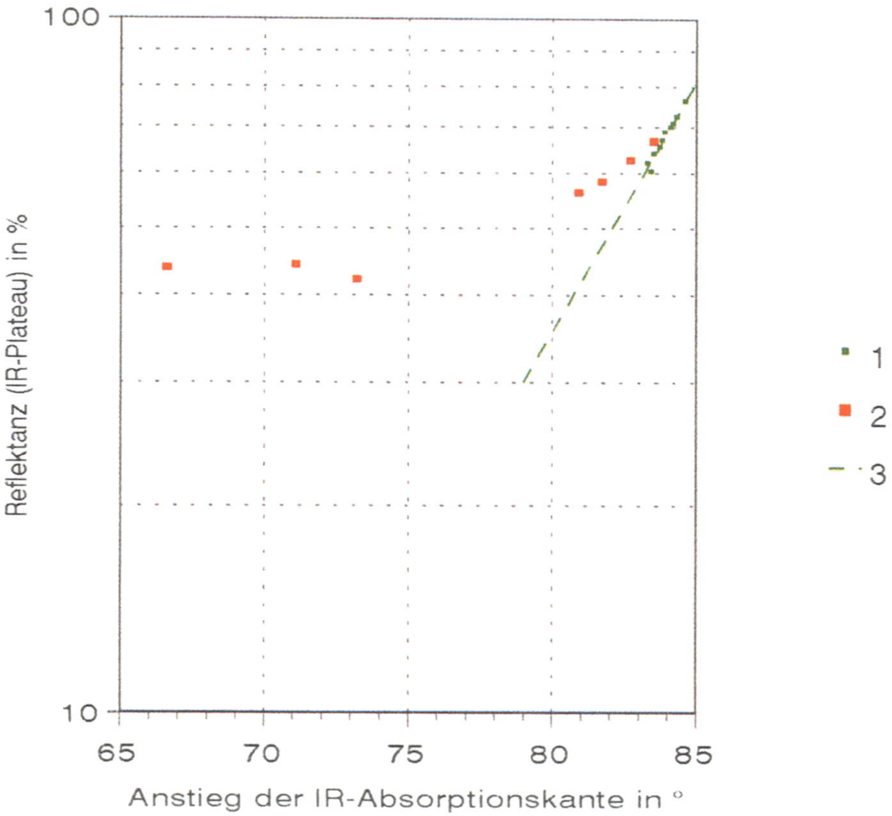

Abb. 5.5: Ergebnisse der statistischen Analyse der Spektralsignaturen von Gras im unbelasteten Zustand (*1*) und nach Einwirkung von Schwermetallösungen (*2*); bei der Position der Wertepaare unbelasteter Gräser auf der Regressionsgeraden (*3*) besteht eine Abhängigkeit von der Phänophase; mit fortschreitender natürlicher Alterung liegen die Wertepaare im unteren Abschnitt der Geraden

6 Anwendungsbeispiele und Fallstudien

6.1 Einführung

In Form von Fallbeispielen sollen nachfolgend Möglichkeiten zur Nutzung von Luftbildern und anderen Fernerkundungsdaten bei der Untersuchung von Deponiestandorten vorgestellt werden. Dabei wird nicht vordergründig auf die Darstellung ausgewählter wirksamer Einzelfälle zurückgegriffen. Mit Ausnahme der Deponie am Eulenberg bei Arnstadt, welche eine sicher nicht alltägliche Vorgeschichte aufweist, handelt es sich im folgenden um Standorte, die mit den üblichen Problemen einer Projektdurchführung behaftet sind. Dazu gehören unter anderem nicht immer lückenlose Datengrundlagen, teilweise nicht optimale Aufnahmezeiten, Qualitätsmängel bei älteren Luftbildern oder auch komplizierte landschaftliche Gegebenheiten. Bei den Untersuchungen zur Erkundung von Altstandorten stehen folgende Fragen im Vordergrund:

- Vorhandensein, Zustand und Verbreitung abdichtender Gesteinsschichten an der Deponiebasis,
- Existenz möglicher Migrationswege für kontaminierte Wässer aus dem Deponiekörper in das Umfeld,
- Strukturen und Besonderheiten der Abfalldeponierung.

Mit den vorgestellten Fallstudien soll vor allem der Spielraum mit Möglichkeiten und Grenzen der Nutzung von Fernerkundungsdaten zur Klärung von Deponieproblemen skizziert werden. Folgende Anwendungsbeispiele wurden ausgewählt:

- Kombination von historischer Standortanalyse, photogeologischer Luftbildinterpretation und geophysikalischer Erkundung (Deponie am Eulenberg bei Arnstadt im Land Thüringen),
- Bewertung eines Deponiestandortes durch die kombinierte Auswertung von Fernerkundungsdaten unterschiedlicher Systeme, Sensoren und Aufnahmezeiten (Deponie Schöneiche bei Mittenwalde im Land Brandenburg),
- Untersuchung einer Altablagerung mit der Methode der multitemporalen Luftbild- und Kartenauswertung (Deponie Hermsdorf im Land Thüringen).

Zur Erläuterung der jeweiligen Methoden und Arbeitsabläufe erfolgen grundsätzlich gekürzte bzw. vereinfachte Darstellungen von Untersuchungsergebnissen und Karten.

6.2 Deponie Arnstadt/Eulenberg

6.2.1 Einleitung und Aufgabenstellung

Außerordentlich komplizierte Verhältnisse unter dem heutigen Deponiekörper machen den Standort der Deponie am Eulenberg bei Arnstadt als Testgebiet für methodische Untersuchungen besonders interessant. Mit den nachfolgenden Ausführungen sollen am Beispiel dieses Standortes die Möglichkeiten einer kombinierten Anwendung unterschiedlicher Methoden geowissenschaftlicher Analytik vorgestellt werden (vgl. auch KÜHN et al., 1994).

Die Deponie am Eulenberg wurde von Anfang der 60er Jahre bis 1979 betrieben. Ihre Auflagefläche ist ein Hang mit 15 - 20° Neigung. Der Kern der Deponie wurde in der Baugrube einer offenbar nicht vollendeten unterirdischen Anlage aus der Zeit des Zweiten Weltkrieges angelegt. Die genaue Lage der Baugrube und Pläne des vermuteten unterirdischen Bunkersystems waren bei Projektbeginn nicht bekannt. Der heute über den Rand der Baugrube hinausgehende Deponiekörper lagert nur partiell auf relativ undurchlässigen Keupertonen. Der weitaus größere Teil liegt mergeligen Kalken des oberen Muschelkalkes auf, die intensiv, bevorzugt in NW-SE Richtung, geklüftet sind und als Grundwasserleiter fungieren. Außerdem quert den Deponiestandort die NW-SE streichende Eichenberg-Gotha-Saalfelder Störungszone, ein markantes, tiefreichendes, saxonisches Bruchsystem im südlichen Thüringer Becken (WUNDERLICH 1991; 1992). Die Deponie befindet sich in der weiteren Schutzzone des Wasserwerkes Schönbrunn.

Die Deponie beinhaltet etwa 800 000 m^3 unsortierte Haus- und Industrieabfälle, die auf einer Fläche von mehr als 6 ha bis zu einer Höhe von 10 m, lokal bis zu 25 m, aufgehaldet sind. Die Inhaltsstoffe bestehen u.a. aus Bauschutt, Hausbrandasche, Schlachthofabfällen, Gerbereirückständen, Galvanikschlämmen, Schleifschlämmen aus der Bleikristallfertigung, Fäkalien, zyanidhaltigen Schlämmen und phenolhaltigen Abfällen aus der Bitumenproduktion.

Ein unzureichender Kenntnisstand über die Mächtigkeiten, die Verbreitung und den Zustand abdichtender Gesteinsschichten an der Deponiebasis machte eine umfassende Erkundung der geologischen Strukturen, der hydrogeologischen Situation und der Wegsamkeiten für eine Schadstoffausbreitung notwendig. Die Überschneidung natürlicher geologischer Gegebenheiten mit möglichen Verletzungen der Gesteinsschichten an der Deponiebasis durch Aushub der Baugrube hat eine komplizierte Situation geschaffen, die hohe Anforderungen an die Präzision einer Erkundung stellt. Die Auswertung von Luftbildern war in der ursprünglichen Aufgabenstellung nicht vorgesehen.

Bei der Erkundung des Deponiestandortes am Eulenberg waren die heutigen Geländegegebenheiten zu berücksichtigen. Große Teile des Geländes sind inzwischen bebaut (*Abb. 6.1*). Profile für geophysikalische Untersuchungen konnten meist nicht geradlinig vermessen werden, sondern mußten der Wegsamkeit des heutigen Geländes folgen. Hinzu kam, daß die Gesteinsschichten an der Deponiebasis von einer mächtigen, heterogen zusammengesetzten Schicht aus Hangschutt und Aufschüttungen überdeckt werden, deren Wirkung das geophysikalische Anomalienbild des Untergrundes "störend" überlagerte. Es war außerordentlich schwierig, allein aus den geoelektrischen, geomagnetischen, gravimetrischen und seismischen Messungen die geologische Situation an der Basis der Deponie zu rekonstruieren und die vermuteten unterirdischen Anlagenreste am Standort zu lokalisieren. So wurde während der bereits laufenden Interpretation der geophysikalischen Meßergebnisse entschieden, die Untersuchungen durch Einbeziehung einer Luftbildauswertung zu unterstützen. In Anlehnung an die in diesem Fall praktizierte Reihenfolge, welche vom Grundsatz der Auswertung von Fernerkundungsdaten zu Beginn eines Projektes abweicht, werden im folgenden ausgewählte geophysikalische Ergebnisse den Ergebnissen der Luftbildauswertung vorangestellt. Andererseits wird damit auch deutlich, daß bei Umkehrung dieser Reihenfolge eine mit relativ geringem Aufwand zu Projektbeginn durchgeführte Luftbildauswertung zum optimalen Ansatz von Folgeuntersuchungen mit anderen Methoden (Geophysik, Bohrungen) beitragen kann.

Abb. 6.1: Farbinfrarot(CIR)-Luftbild des Deponiestandortes am Eulenberg bei Arnstadt/Thüringen vom 7. August 1991 mit Lage des reflexionsseismischen Profils (*Rx*) von *Abb. 6.2* (Aufnahme: Hansa Luftbild GmbH im Auftrag des Landkreises Arnstadt)

6.2.2 Geophysikalische Untersuchungen

Aus der Vielzahl der bisher vorliegenden Ergebnisse geophysikalischer Untersuchungen sollen hier einige exemplarisch dargestellt werden (vgl. KÜHN et al. 1994). Das Ziel der reflexionsseismischen Messungen war die Erfassung der Deponiebasis und der Lagerungsverhältnisse im Liegenden der Deponie. In den reflexionsseismischen Meßdaten lassen sich Indikationen, beginnend bei Tiefen ab 4 m unter der Deponieoberfläche bis zu einer Tiefe von über 150 m, nachweisen. In *Abb. 6.2* wird ein Tiefenschnitt für ein ausgewähltes Profil gezeigt, welches den westlichen Abschnitt der Deponie von Süd nach Nord quert (Profillage in *Abb 6.1*). Relativ sicher sind Reflexionen an der generell nach Nordosten einfallenden Oberfläche des Muschelkalkes auszumachen.

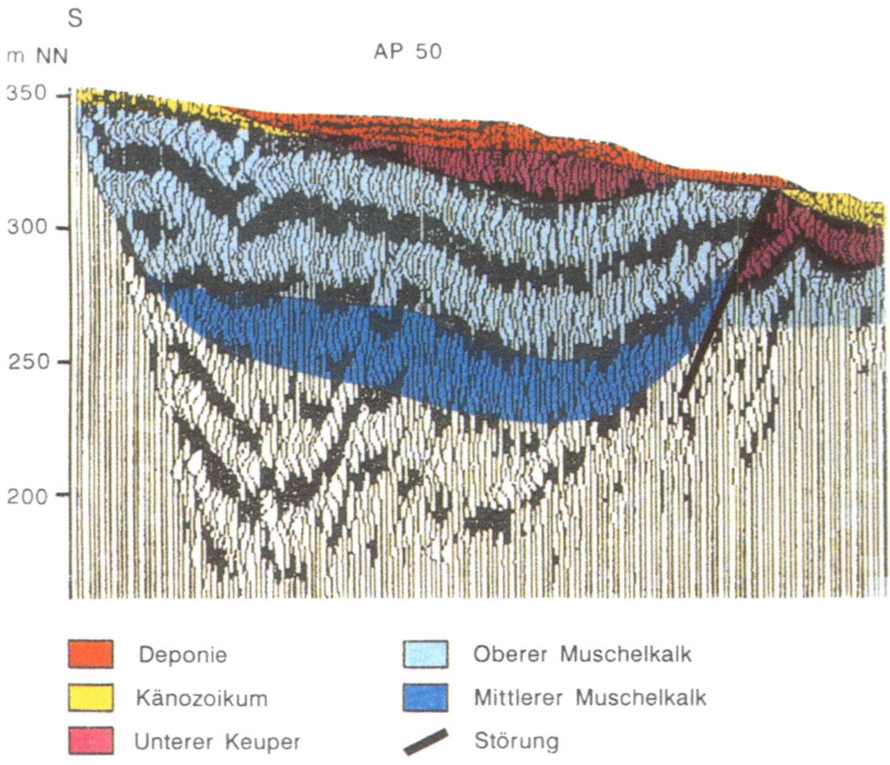

Abb. 6.2: Reflexionsseismisches Profil (Tiefenschnitt); nach Geophysik GGD im Auftrag der BGR (MEYER 1993); Profillage s. *Abb. 6.1*

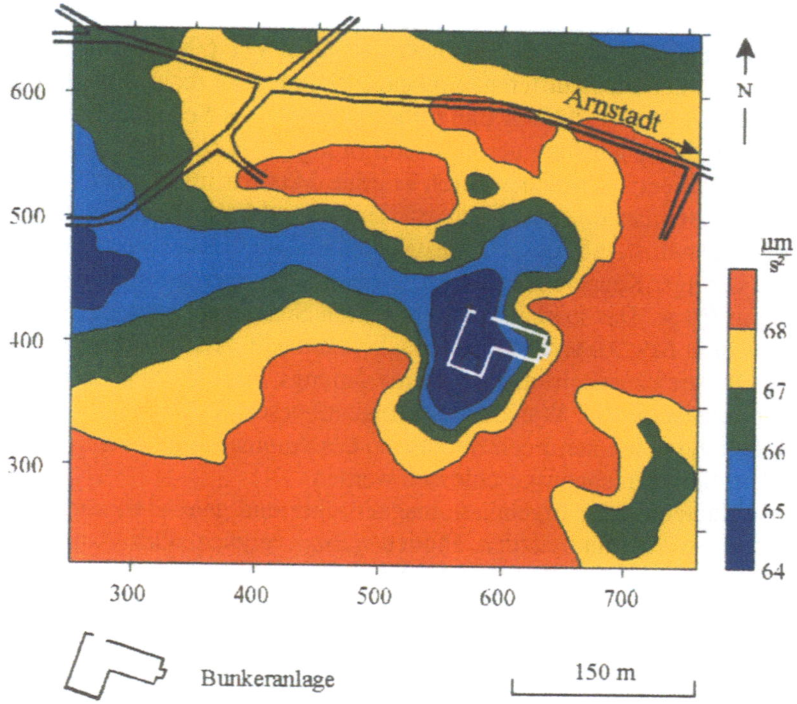

Abb. 6.3: Gravimetrie, BOUGUER-Schwerestörung in µms^{-2} mit Eintragung der später auf den Luftbildern erkannten Bauwerkskontur (Geophysik GGD im Auftrag der BGR; nach SCHULZE, SEIDEL & SEIDELMANN 1992)

Im nördlichen Teil des Profils sind Deformationserscheinungen erkennbar, die mit der breiten, herzynisch verlaufenden Eichenberg-Gotha-Saalfelder Störungszone in Verbindung stehen. Anzeichen dafür ist ein sichtbares "Aussetzen" der kräftigen Reflexionen. Eine Verletzung der Schichten des Keupers und Muschelkalkes in Verbindung mit der Auffahrung einer unterirdischen Anlage ist im westlichen Abschnitt des Deponiekörpers nicht erkennbar.

Da zu Beginn der Untersuchungen die Lage der im Deponieuntergrund vermuteten Bauten unbekannt war und Altluftbilder bzw. Baupläne noch nicht zur Verfügung standen, wurde versucht, entsprechende Informationen über Schweremessungen zu erhalten. Auf Grund der Dichteunterschiede zwischen den Gesteinen des Keupers ($\rho \approx 2\,300$ kgm^{-3}) und des Muschelkalkes ($\rho \approx 2\,500$ kgm^{-3}) einerseits und dem Deponiematerial ($\rho \approx 1\,600$ kgm^{-3}) andererseits war mit einer Dichtedifferenz von ca. 800 kgm^{-3} zu rechnen. Folglich war über einer mit Müll verfüllten Baugrube ein deutliches Schwereminimum zu erwarten. Die Karte der Bouguer-Schwerestörung (*Abb. 6.3*) zeigt ein stark gegliedertes Isolinienbild, welches durch kräftige Maxima im Norden, Osten und Süden der Meßfläche sowie durch ein deutliches Minimum im zentralen Teil gekennzeichnet ist. Als Ursache des Maximums im Norden kommen die unter relativ geringer Keuperbedeckung lagernden Sedimente des Oberen Muschelkalkes in Frage. Das markante Maximum im Südwesten wird durch anstehenden Oberen bzw. Unteren Muschelkalk verursacht. Als Ursache für das etwa West-Ost streichende Minimum wurde anfangs ausschließlich der Deponiekörper angenommen. Wie die nachfolgend beschriebene Auswertung alter Luftbilder zeigt, können Beeinflussungen des Anomalienbildes durch die unterirdischen Bauten nicht ausgeschlossen werden.

Auf die Erläuterung der Ergebnisse magnetischer und geoelektrischer Untersuchungen, die zu grundsätzlich ähnlichen bzw. ergänzenden Aussagen führten, wird hier verzichtet (vgl. KÜHN et al., 1994). Durch die Anwendung unterschiedlicher geophysikalischer Erkundungsmethoden war es möglich, über die Erfassung eines breiten Spektrums physikalischer Eigenschaften ein detailliertes Bild vom Deponieuntergrund zu zeichnen (Dichte, elektrische Leitfähigkeit, Magnetisierbarkeit, Ausbreitung seismischer Wellen). Dieses Bild ist jedoch auch das Ergebnis einer Interpretation, dessen Sicherheit stets von der Kompliziertheit der Standortverhältnisse abhängt. Wie die nachfolgend vorgestellten Ergebnisse zeigen, konnte mit der Interpretation von Luftbildern zu einer objektiveren Beschreibung der Standortverhältnisse beigetragen werden.

6.2.3 Luftbildauswertung

Da die Eingriffe in die Gesteinsschichten an der Deponiebasis in Zusammenhang mit der Errichtung unterirdischer Anlagen während des Zweiten Weltkrieges erfolgten, war es naheliegend, nach Luftbildern aus dieser Zeit zu recherchieren. Dabei wurde herausgefunden, daß der Standort Arnstadt/Eulenberg in den Jahren 1944 und 1945 mehrfach Ziel amerikanischer Aufklärungsflüge gewesen ist. Luftbilder aus diesen Flügen und sogenannte "Target Information Sheets", die von den Aufklärungsfliegern für die Einweisung der Bomberpiloten und zur späteren Trefferaufklärung erstellt wurden, konnten aus Archiven in den USA beschafft werden. Für die Rekonstruktion des Deponiestandortes nach 1945 bis zur Gegenwart standen Luftbildserien aus den laufenden topographischen Befliegungen zur Verfügung.

Zum Verständnis und zur richtigen Einordnung der Aussagefähigkeit historischer Luftbilder ist zu bemerken, daß große Teile des Geländes heute grundlegende Veränderungen aufweisen. Damit sind Geländekontrollen zur Vorortüberprüfung von Interpretationsergebnissen nur noch teilweise möglich. Die von den historischen Luftbildern abgeleiteten Informationen besitzen somit den Charakter von Indizien, deren Wahrheitsgehalt von der photographischen Qualität, der wiederholten Erkennbarkeit auf unterschiedlichen Bildflügen und der Erfahrung des Auswerters abhängt.

Auch wenn ein Teil der abgeleiteten Informationen Unsicherheiten in sich birgt, können wichtige Informationen zum Untersuchungsobjekt erhalten werden. Dazu gehören in erster Linie Angaben zur wahrscheinlichen unterirdischen Ausdehnung der Anlage, zu Eingängen in diese sowie zu Geländebereichen, in denen Material vom Liegendstauer der heutigen Deponie abgetragen wurde. Kenntnisse über die Verteilung von Stahlbetonteilen im Untergrund erleichtern darüber hinaus die Interpretation der geophysikalischen Meßwerte.

Auf Grund des Auswertezieles "Deponieuntergrund" wurden schwerpunktmäßig Luftbilder aus der Zeit von 1944 - 1961 ausgewertet. Diese gestatteten eine Einsichtnahme in das Gelände und in Teile der unterirdischen Anlage, bevor in den 60er und 70er Jahren mit der Aufhaldung von Müll begonnen wurde (*Abb. 6.4*). Eine nach stereoskopischer Auswertung dieser Luftbilder abgeleitete Situationsskizze des Geländes zeigt *Abb. 6.5*.

Nach den Angaben der amerikanischen Luftaufklärung handelte es sich bei der Anlage um teilweise fertiggestellte unterirdische Labor- und Fertigungsräume. Demnach sollen hier Präzissionsinstrumente, Kontrollapparaturen für Flügelbomben und andere geheime Waffensysteme hergestellt worden und bis zu 5 000 Arbeitskräfte beschäftigt gewesen sein.

1945 ist als auffälligstes Merkmal des Geländes eine tiefe Grube mit den Konturen eines offensichtlich unvollendeten unterirdischen Bauwerkes erkennbar. Das Bauwerk besitzt eine L-Form und hat äußere Maße von etwa 70 x 55 m. Es ist nicht zu erkennen, ob es sich bei dem längeren östlichen Teil der Anlage um die Abdeckung eines Untergeschosses oder um ein Fundament handelt. Der Vergleich der 1944er und 1945er Bilder läßt vermuten, daß zu dem Zeitpunkt das Baugeschehen entweder bereits eingestellt war oder nur noch sehr langsam verlief. Für die Einstellung der Bauarbeiten spricht der hohe Wasserstand in der Anlage. Da Wasser ebenfalls in der nach Nordosten gerichteten Verlängerung der Grube steht, dessen Niveau aber über dem der übrigen Wasserfläche liegt, liegt die Schlußfolgerung nahe, daß das Ost-West streichende wasserführende Störungssystem beim Bau eines Tunnels in nordöstliche Richtung angefahren wurde.

Abb. 6.4 (Folgeseiten): Zurückverfolgung der Standortentwicklung der Deponie am Eulenberg bei Arnstadt/Thüringen anhand von Luftbild-Zeitschnitten aus den Jahren 1981 (*links oben*), 1971 (*links unten*), 1961 (*rechts oben*) und 1945 (Stereopaar, *rechts unten*); vgl. auch Luftbild von 1991 in *Abb. 6.1* (Recherche und Beschaffung: Luftbilder 1945: Luftbilddatenbank in Würzburg; Luftbilder 1961 bis 1981: KAZ Bildmeß GmbH Leipzig im Auftrag der BGR)

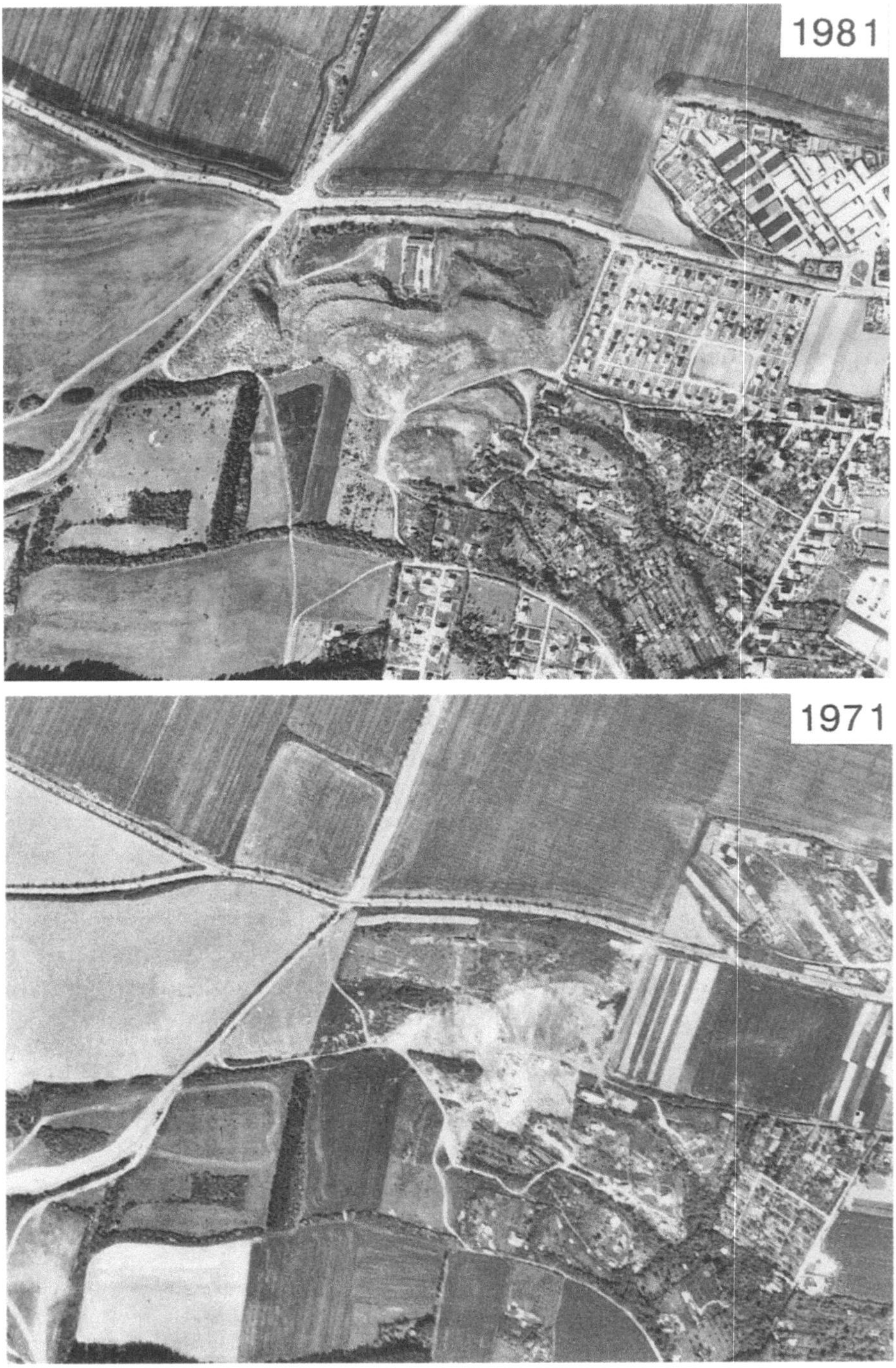
1981
1971

1961

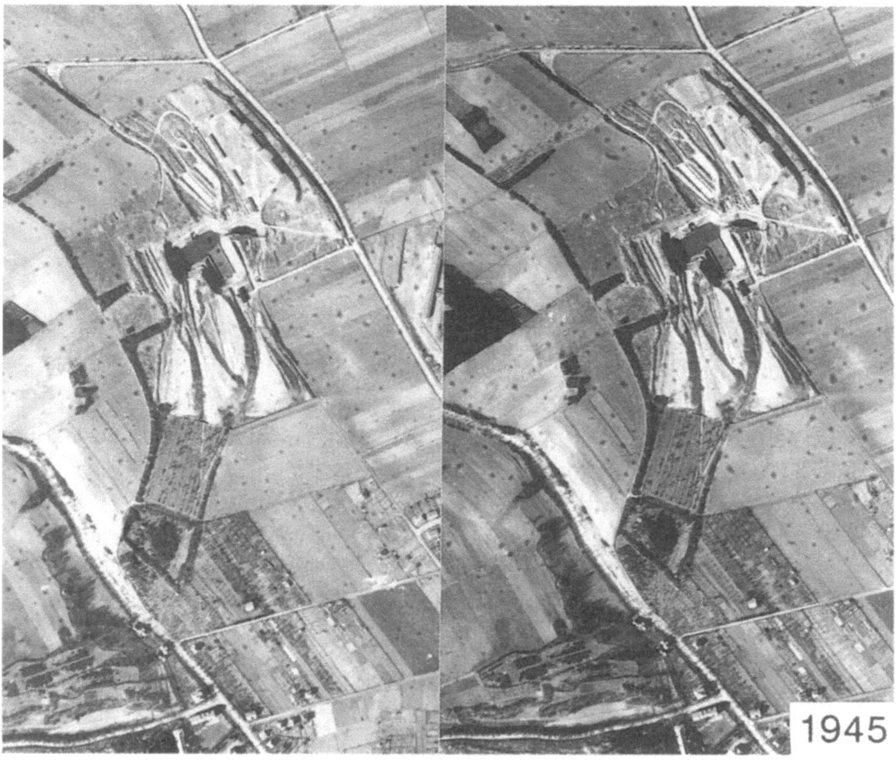
1945

Ein Wassereinbruch aus diesem Störungssystem hat offenbar zur Einstellung der Arbeiten geführt. Diese Hypothese wird zusätzlich durch eine stereoskopische Reliefanalyse gestützt, welche gleichfalls Hinweise auf die Existenz eines Störungssystems lieferte. Unter den heutigen Bedingungen am Standort erscheint ein Abfließen kontaminierter Deponiewässer in umgekehrter Richtung über die inzwischen mit Deponiematerial verfüllte Baugrube in das Störungssystem und damit in das unmittelbare Umfeld als möglich. Hieraus ergeben sich Ansatzpunkte für zielgerichtete Überprüfungen und Beprobungen mit hydrogeologischen Verfahren, welche bei Redaktionsschluß noch nicht abgeschlossen waren. An diesem Beispiel ist erkennbar, daß bei der umweltgeologischen Beurteilung eines Standortes technische und geologische Gegebenheiten in ihrer Wirkung als Einheit zu betrachten sind.

Hinweise auf das Vorhandensein von Erweiterungsbauten der unterirdischen Anlage, die heute möglicherweise noch begehbar sind, lassen sich an der westlichen Böschung der Baugrube relativ sicher ausmachen. Eine große Öffnung ist in der Mitte der Westböschung erkennbar (Breite ca. 6 m, Höhe ca. 3 m). Hier liegt die Vermutung nahe, daß es sich um eine geplante Verbindung zwischen einem möglicherweise bereits fertiggestellten Komplex der unterirdischen Anlage und einem in der Baugrube begonnenen "Neubau" handelt. Der Eingang liegt im Niveau der Wasserfläche und wird durch eine deutlich erkennbare künstliche Sperre trockengehalten. Mehr oder weniger sichere Indikationen für weitere Mundlöcher sind im Bereich eines in der Baugrube bestehenden Rundweges erkennbar.

Bei der Bewertung von sichtbaren Eingängen und Mundlöchern sollte immer vorausgesetzt werden, daß der Projektant der Anlage auch Scheineingänge vorgesehen haben könnte, um eine Luftaufklärung zu erschweren. Für die Existenz größerer Hohlräume westlich und südlich der Baugrube sprechen in diesem Fall Informationen über angebliche Labor- und Fertigungsräume, die künstliche Trockenhaltung des Mundloches, intensive Grabungsspuren im Umfeld der Grube und eine bereits vorhandene Infrastruktur, wie sie für technische Hilfestellungen oder die Unterbringung und Versorgung von Personal erforderlich sind.

Auf den Luftbildern von 1961, welche bis auf die fehlenden Gebäude das Gelände noch im Zustand von 1945 zeigen, ist relativ sicher erkennbar, daß die ehemaligen Mundlöcher zwischenzeitlich zerstört wurden. Wie bereits erwähnt, läßt sich eine Zone intensiver Bodenbewegungen im Umfeld der Grube erkennen. Der Südabschnitt dieser Zone weist Anzeichen für eine Verkippung von Material unterhalb des ursprünglichen Geländeniveaus auf. Daraus kann abgeleitet werden, daß hier eine Baugrube für die Errichtung eines Teilgebäudes der unterirdischen Anlage vorhanden gewesen sein könnte. Weiteres Indiz für diese Vermutung ist ein verstecktes Bauwerk am Südrand dieser Zone.

Abb. 6.5 (gegenüber): Karte der komplexen Auswertung von Archivluftbildern und geophysikalischen Daten vom Deponiestandort Eulenberg bei Arnstadt in Thüringen (aus KÜHN, 1992)

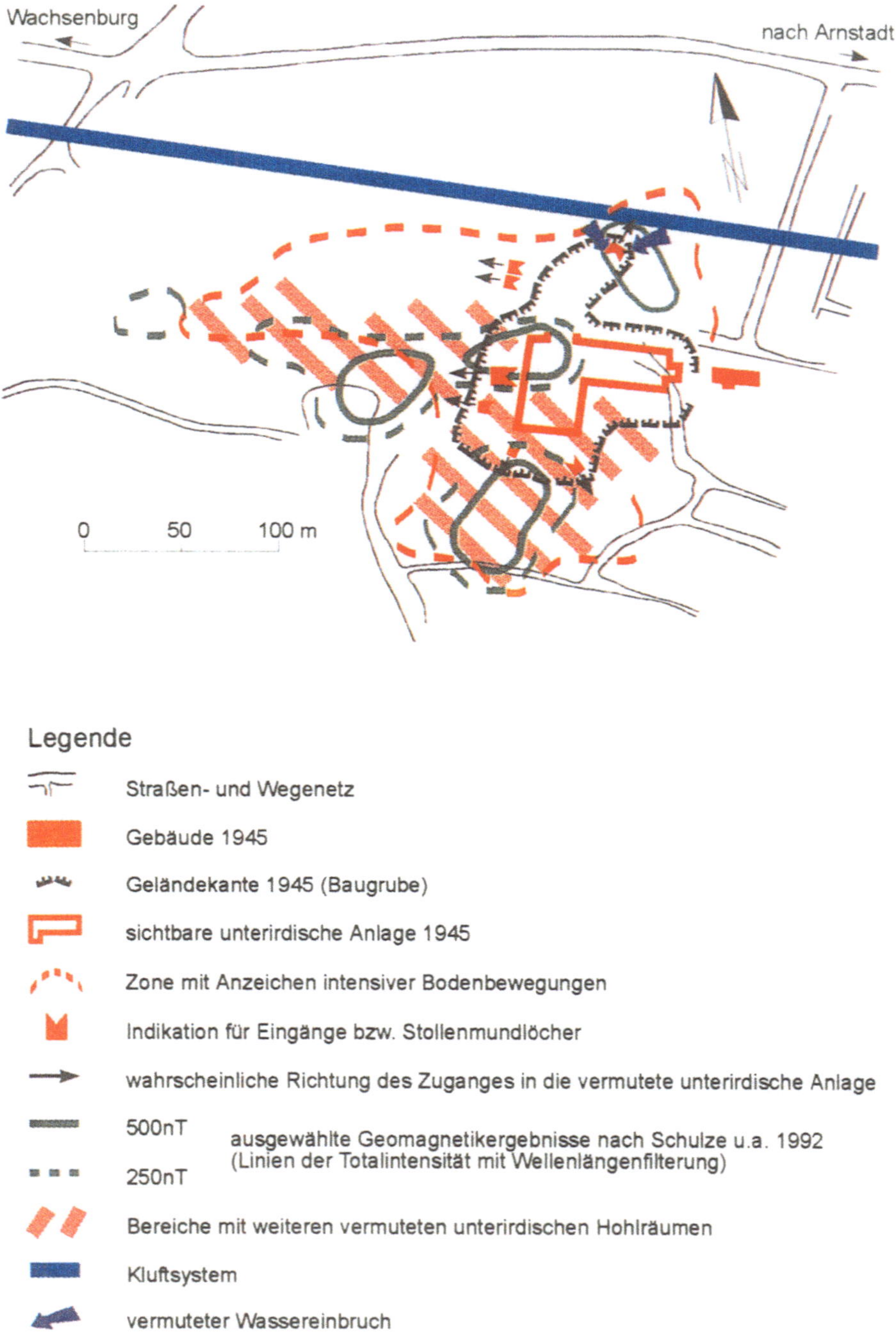
Wachsenburg
nach Arnstadt
0
50
100 m
Legende
Straßen- und Wegenetz
Gebäude 1945
Geländekante 1945 (Baugrube)
sichtbare unterirdische Anlage 1945
Zone mit Anzeichen intensiver Bodenbewegungen
Indikation für Eingänge bzw. Stollenmundlöcher
wahrscheinliche Richtung des Zuganges in die vermutete unterirdische Anlage
500nT
250nT
ausgewählte Geomagnetikergebnisse nach Schulze u.a. 1992
(Linien der Totalintensität mit Wellenlängenfilterung)
Bereiche mit weiteren vermuteten unterirdischen Hohlräumen
Kluftsystem
vermuteter Wassereinbruch

Erfahrungen an ähnlichen Untersuchungsobjekten haben gezeigt, daß unterirdische Bunkeranlagen in der Regel Notausgänge in ihren Randbereichen besitzen. Hinzu kommt, daß die Geomagnetik exakt bis zu diesem Geländeabschnitt hohe Werte der Totalintensität ermittelt hat, die nur zum Teil mit den Konturen der Müllhalden korrelieren. Spuren intensiver Bodenbewegungen sind auch in westlicher Fortsetzung der Baugrube feststellbar. Allerdings ist allein auf der Grundlage der Luftbilder nicht erkennbar, ob es sich dabei um die Auffüllung einer Baugrube oder um Bodenbewegungen in Verbindung mit Erdarbeiten handelt. Dieser in den eingangs vorgestellten seismischen Untersuchungen unauffällige Bereich wird in Verbindung mit den gravimetrischen Untersuchungsergebnissen erneut interessant, da sich in diese Richtung ein vom Zentrum der Baugrube ausgehendes markantes Schwereminimum erstreckt (vgl. *Abb. 6.3*). Nach komplexer Beurteilung aller vorliegenden Informationen ist die Annahme weiterer unterirdischer Anlagen westlich und südlich der auf den alten Luftbildern sichtbaren Baugrube naheliegend. Entsprechende Informationen können für die Beurteilung potentieller Migrationswege für Sickerwässer aus dem Deponiekörper in die Umgebung von Nutzen sein.

6.2.4 Zusammenfassung

Am Beispiel der Deponie Eulenberg bei Arnstadt, die sicher nicht typisch für den Normalfall einer kommunalen Müllkippe ist, sollte demonstriert werden, wie durch die kombinierte Anwendung von Luftbildauswertung und geophysikalischer Erkundung zur Klärung einer komplizierten Standortsituation beigetragen werden kann.

Die Schwierigkeit des Vorgehens bestand unter anderem darin, daß Standortverhältnisse zu rekonstruieren waren, die von der heutigen Situation des Geländes erheblich abweichen. Zum anderen mußte die geologische Situation im Deponieuntergrund unter einer lokal bis zu 25 m mächtigen Müllschicht erkundet werden. Anthropogene Veränderungen und natürliche geologische Gegebenheiten an der Deponiebasis bestimmen in diesem Fall maßgeblich das vom Altstandort ausgehende Gefährdungspotential.

Durch die Kombination von geophysikalischen Erkundungsverfahren mit gezielten Auswertungen von Luftbildern wurde eine hohe Informationsdichte erreicht. Der Spielraum für Interpretationen und die Wahrscheinlichkeit für Fehlinterpretationen konnten gegenüber einer separaten Anwendung beider Verfahren eingeschränkt werden. Für den Deponiestandort Arnstadt/Eulenberg konnten sowohl Informationen über unterirdische Anlagen unter der heutigen Deponie als auch ein Bild der natürlichen geologischen Gegebenheiten am Standort gewonnen werden. Auf der Grundlage dieses Kenntnisstandes wurden Aussagen zu möglichen Migrationswegen für Schadstoffe aus dem Deponiekörper in das unmittelbare Umfeld möglich.

6.3 Deponie Schöneiche

6.3.1 Einleitung und Aufgabenstellung

Im Raum südlich von Mittenwalde bei Berlin bestehen zwei große Deponien, Schöneiche und Schöneicher Plan, welche nur durch einen 200 - 300 m breiten Geländestreifen voneinander getrennt sind (vgl. *Abb. 3.1* und *6.6*). Die ältere von beiden, die Deponie Schöneicher Plan, existiert etwa seit 1920 vornehmlich für die Entsorgung von Berliner Abfällen. Die Abfälle wurden hier in ehemalige wassergefüllte Ziegeleitongruben verkippt. Die Deponie Schöneiche wird seit 1977 zur Ablagerung von Siedlungsabfällen, Bauschutt und Bodenaushub aus dem damaligen Westberlin betrieben. Die Müllablagerungen erfolgten an der Geländeoberfläche; Ziegeleitongruben existierten auf dieser Fläche nicht.

Nach AHRENS (1992) liegen die Sohlflächen beider Deponien im ursprünglich fast ebenen Gelände, etwa 0,5 - 1,5 m oberhalb des Grundwasserspiegels. Der oberste unbedeckte Grundwasserleiter steht in hydraulischem Kontakt zu einem stark verzweigten Vorflutsystem. Der Abfluß des Wassers erfolgt über zahlreiche Kanäle und Gräben vornehmlich in den Notte-Kanal nördlich beider Deponien.

Wegen der bisher fehlenden Basisabdichtung konnten Sickerwässer aus der Deponie direkt in den ungeschützten oberen Grundwasserleiter eintreten und im Abstrom auch in die Vorfluter gelangen. Der Betreiber der Deponie Schöneiche arbeitet gegenwärtig an der nachträglichen Einrichtung einer Basisabdichtung und der Erneuerung der Sickerwasserfassung. Nach AHRENS (1992) konnten im Abstrom Kontaminationen festgestellt werden. Da aber neben den beiden Großdeponien noch weitere zahlreiche Altlastverdachtsflächen in der unmittelbaren Umgebung existieren, sind die Verursacher noch nicht zweifelsfrei zu bestimmen.

Geologisch liegen beide Deponien in einer weiten weichselglazialen Talung, die die Grundmoränenplatte der Teltow-Hochfläche teilt. Erosionsreste dieser Grundmoränenplatte bilden zusammen mit älteren Quartär-Sedimenten kleinere Erhebungen im weiteren Umfeld der Deponien. Nach bisherigem Kenntnisstand stehen im Bereich zwischen der Geländeoberfläche und dem ersten Grundwasserleiter hauptsächlich humose Sande verschiedener Körnung, Mudden, Seekreide und untergeordnet auch Torf an. Zum Teil sind auch anthropogene Auffüllungen vorhanden (AHRENS, 1992).

Die geologischen Bedingungen am Standort der Deponien Schöneiche und Schöneicher Plan unterscheiden sich grundlegend von denen an der zuvor vorgestellten Deponie am Eulenberg. Die Untersuchungen wurden mit der Zielstellung durchgeführt, unter völlig anderen geographischen und geologischen Bedingungen, Möglichkeiten und Grenzen für Anwendungen von Methoden der Geofernerkundung zu untersuchen und verallgemeinerungsfähige methodische Empfehlungen abzuleiten.

Dazu wurde ein breites Spektrum von vorhandenen Luftbildern, Daten aus aktuellen Befliegungen mit CIR-Luftbildfilm, einem CASI-Scanner und einer Thermalkamera ausgewertet. Die Auswertung der Daten erfolgte in Verbindung mit Geländekontrollen und Bezug zu Daten aus parallelen Untersuchungen mit traditionellen geologisch-geophysikalischen Verfahren. Die enge Verknüpfung von unterschiedlichen Untersuchungsverfahren erfolgte nicht zuletzt mit dem Ziel, Empfehlungen für den effizienten Einsatz von Verfahrenskombinationen zu erarbeiten. Die ursprüngliche Aufgabenstellung konzentrierte sich ausschließlich auf die Verwendung der Deponie Schöneiche als Teststandort. Wegen der unmittelbaren Nachbarschaft zur Deponie Schöneicher Plan wurden beide Deponien in die Untersuchungen einbezogen. Es sollen ausgewählte Untersuchungsergebnisse und Ansätze für methodische Verallgemeinerungen vorgestellt werden. Die Untersuchungsziele für die Geofernerkundung waren wie folgt definiert:

- Besonderheiten der Abfallaufhaldung,
- Zustand der Geländeoberfläche bzw. der obersten Bodenschichten unter dem heutigen Deponiekörper,
- Zustand der Geländeoberfläche im Umfeld des Deponiekörpers,
- sonstige Gefährdungspotentiale für den Boden und das Grundwasser ausserhalb des Deponiekörpers,
- mögliche Migrationswege von Sickerwässern aus der Deponie.

Bei der Untersuchung von Großdeponien nach Fernerkundungsdaten wurde die Erfahrung gemacht, daß es meist nicht sinnvoll ist, größere Geländeabschnitte oder ganze Deponieflächen mit pauschalen Prozeduren der Bildverarbeitung und -auswertung zu bearbeiten. Das jeweilige Untersuchungsgebiet sollte vielmehr in Form kleiner Abschnitte untersucht werden. Dabei ergibt sich die Möglichkeit, die Datengewinnung und -verarbeitung auf die jeweiligen Besonderheiten des Geländes anzusetzen. Erfahrungsgemäß können auf diese Weise Informationen gewonnen werden, welche eine effiziente Nutzung im Sinne der thematischen Aufgabenstellung ermöglichen.

In den letzten Jahren wurden in mehreren Arbeiten über Deponien im Berliner Raum auch Ergebnisse der Anwendung von thermalen Aufnahmeverfahren veröffentlicht. Die meisten dieser Arbeiten enthalten Interpretationen von Einzelaufnahmen, die jeweils sehr große Geländeflächen erfassen. Prozeduren der Bildbearbeitung wurden dabei oft pauschal auf diese Flächen angewendet, womit wesentliche Details des Thermalverhaltens der untersuchten Deponieoberfläche verschwanden und teilweise auch Fehlinterpretationen erfolgten (z.B. EHRENBERG, 1991).

Bei den nachfolgenden Fallbeispielen zur Auswertung von Wärmebildern wird die von den Autoren vorgezogene Vorgehensweise vorgestellt. Dabei wurde das Untersuchungsgebiet in Form kleinerer Teilflächen bearbeitet. In Abhängigkeit von der Charakteristik der jeweiligen Geländeabschnitte (Bodenart, Vegetation, Feuchteregime, ...) und Deponiebereiche (Art der Abdekkung, Neigung der Oberfläche, Bewuchs, ...) wurden dann die erforderlichen Aufnahmeverfahren, Aufnahmebedingungen und Auswerteverfahren zielgerichtet ausgewählt. Prozeduren der Bildverarbeitung konnten somit ganz gezielt auf die Hervorhebung bestimmter interessierender Eigenschaften der Deponieoberfläche und des Umfeldes angesetzt werden. Solche Geländeeigenschaften können beispielsweise mit der Wasserwegsamkeit in den obersten Bodenschichten, auffälligen Bodenverfärbungen, Verunreinigungen von Oberflächengewässern, der Anhäufung von Pflanzenschäden, Temperaturanomalien und sonstigen Hinweisen auf Altlasten in Verbindung stehen. Im Zuge einer Gesamtinterpretation wird anschließend versucht, die nach Fernerkundungsdaten "bausteinartig" erfaßten und bewerteten Geländeeigenschaften wieder zu einem geschlossenen Bild des Untersuchungsgebietes zusammenzufügen. Besonders bei der Auswertung von Thermalbildern war eine derartige Vorgehensweise oft eine wichtige Voraussetzung für eindeutige Ergebnisse.

Abb. 6.6: Schrägluftbild vom 11. Mai 1993 mit Blick nach Westen über die Müllverbrennungsanlage bei Gallun, den Nordteil der Deponie Schöneiche und die Ost-West angelegte Deponie Schöneicher Plan (Aufnahme: F. Böker/F. Kühn, BGR)

6.3.2 Fallstudien zur Auswertung von Luftbildern und Scannerdaten

6.3.2.1 Untersuchung des Deponiekörpers

Wie eingangs ausgeführt, sind Systeme oder Sensoren der Geofernerkundung grundsätzlich nicht in der Lage, in das Innere einer Deponie "hineinzusehen". Um trotzdem Angaben über Arten und Umfang von verkippten Abfällen oder das Regime des Deponiebetriebes gewinnen zu können, ist die Durchführung einer multitemporalen Auswertung von Archivluftbildern und Karten erforderlich. Gleichzeitig sollte versucht werden, aus dem Erscheinungsbild der aktuellen Deponieoberfläche, Besonderheiten im Thermalverhalten eingeschlossen, ergänzende Vorstellungen über die Verhältnisse im Innern der Deponie zu gewinnen. Dabei ist es sinnvoll, die Geofernerkundung soweit wie möglich mit anderen Untersuchungsverfahren zu kombinieren.

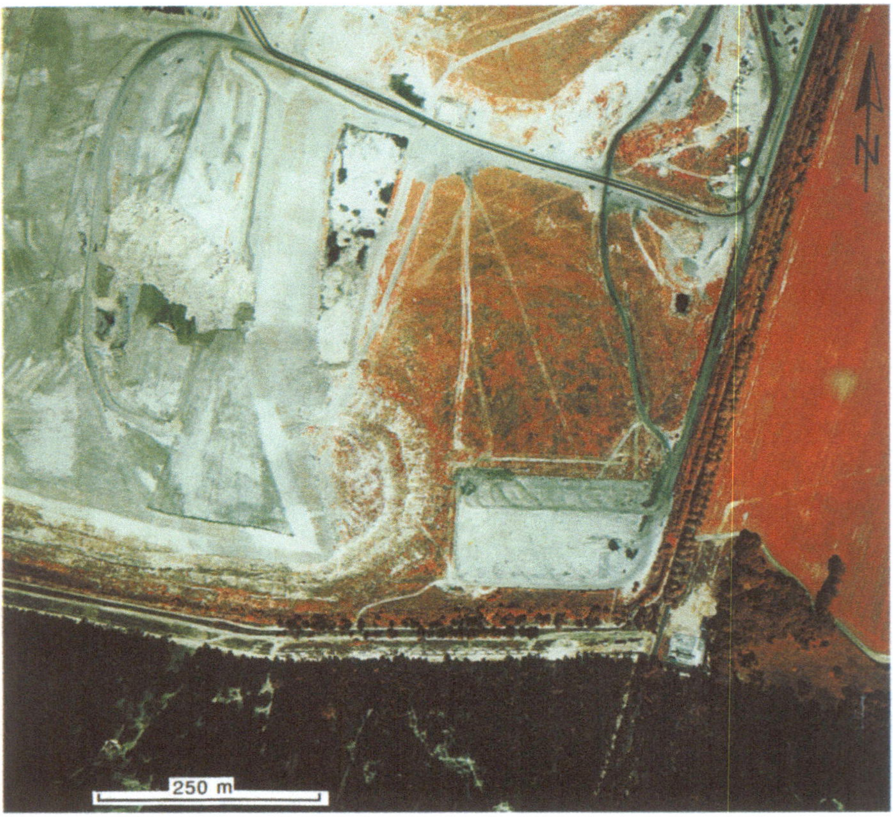

Abb. 6.7: Ausschnitt aus einem CIR-Luftbild vom 2. Juli 1993 vom südöstlichen Teil der Deponie Schöneiche, Befliegungsmaßstab 1:5 000 (Aufnahme: WIB GmbH im Auftrag der BGR)

Der in *Abb. 6.7* dargestellte Ausschnitt aus einem aktuellen CIR-Luftbild zeigt den südöstlichen Abschnitt der Deponie Schöneiche. Bei stereoskopischer Auswertung und Interpretation des Bildes (Stereopaar erforderlich) können Informationen zum Zustand der Deponieoberfläche, zu aktuellen Ablagerungsflächen, zur Art des verkippten Abfalls, über abgedeckte Bereiche, Flächen mit Feuchtestau und sonstige Auffälligkeiten erfaßt und bewertet werden. Für Aussagen zu Abfällen und Strukturen ihrer Ablagerung unter der heute sichtbaren Oberfläche sind Aufnahmen aus früheren Befliegungen heranzuziehen (vgl. auch Abschn. 4.2.1 und Kap. 6.4).

Die Deponien Schöneiche und Schöneicher Plan wurden mit dem Thermographie-System "AGEMA 900" am 11. Mai 1993 in der Mittagszeit (Tagaufnahmen) und am 13. Mai 1993 von kurz vor bis kurz nach Sonnenaufgang (hier als Nachtaufnahmen bezeichnet) beflogen. Die Zielstellung für die Befliegung und die Auswertung der gewonnenen Thermalbilder war vorwiegend methodisch orientiert, um Möglichkeiten und Grenzen des Verfahrens besser beurteilen zu können. Die Flughöhe betrug jeweils 1060 m über Gelände (20°-Objektiv). Zwischen beiden Flügen gab es keine Änderungen der Hauptwetterlage und auch keine Niederschläge. Die Auswertung aller Thermalbilder führte für *diese konkrete Doppel-Befliegung* zu den in *Tabelle 6.1* beschriebenen Verhältnissen der Strahlungstemperaturen für ausgewählte Bereiche der Deponieoberfläche.

Erfahrungen aus den Untersuchungen anderer Deponien zeigen, daß die hier aufgezeigten Temperaturrelationen je nach der Tages- und Jahreszeit sowie dem Wetterverlauf im zeitlichen Vorfeld der Aufnahmen völlig anders erscheinen können. In diesem Punkt bestehen hinsichtlich der Allgemeingültigkeit und der Wiederholbarkeit abgeleiteter Ergebnisse prinzipielle Unterschiede zwischen Luftbildern und Thermalaufnahmen. Zum Beispiel zeigt bereits der Tagesgang im Temperaturverhalten zweier völlig verschiedener Materialien, daß eine Bewertung mit "warm" und "kalt" gegenüber dem jeweils anderen Material nicht ohne Bezug zur jeweiligen Tageszeit erfolgen kann (*Abb. 6.8*). Pauschale Bewertungen des Thermalverhaltens von Materialien an Deponieoberflächen, wie sie in einer Arbeit von EHRENBERG (1991) zu Schöneiche zu finden sind, sind deshalb sehr kritisch zu sehen.

Mit diesen Feststellungen soll der Stellenwert der Thermalfernerkundung keinesfalls gemindert werden. Es soll vielmehr auf die Besonderheiten der Methode hingewiesen werden, die, verglichen mit anderen Fernerkundungsverfahren, ein besonderes Vorgehen verlangen. Dazu gehören unter anderem befliegungsparallele Messungen der Oberflächentemperaturen typischer Materialien und Objekte im Untersuchungsgebiet. Aus den Ergebnissen der Temperaturmessungen läßt sich ein brauchbarer Interpretationsschlüssel für die Auswertung der Thermalbilder ableiten. Darüber hinaus sind Kenntnisse über den Mechanismus der Emission von Thermalstrahlung bei Gesteinen, Böden, Vegetation und anderen Materialien von Nutzen.

Tabelle 6.1: Gegenüberstellung des relativen Temperaturverhaltens typischer Oberflächen auf der Deponie Schöneiche im Thermalbild, bezogen auf die Temperatur der jeweiligen Umgebung; Nacht- (11. Mai 1993) und Tagbefliegung (13. Mai 1993)

thermal auffälliger Bereich	Nachtaufnahmen	Tagaufnahmen
Hangbereiche, Böschungen zur Sonne geneigt[10]	warm	warm
Gräben, Mulden	kalt	kalt
Bewuchs (Bäume, Sträucher)	warm	kalt
Wasser	warm	kalt
Bodenfeuchte	kalt	kalt
Piasolschaumabdeckung	kalt	warm
Frischmüll, unabgedeckt	kalt	kalt
alter Siedlungsmüll, unabgedeckt	wie Umgebung	wie Umgebung
Siedlungsmüll, abgedeckt	kalt	warm
Asbest Sondermüll, abgedeckt	kalt	kalt
Hausmüll unter 50 cm Lehmabdeckung	kalt	warm
heller, sandiger Boden	warm/kalt	warm
lehmige Bodenbereiche mit spärlichem Bewuchs (Gras)	kalt	warm
dunkle humose Bodenbereiche	kalt	warm
Gebäudedächer[10]	warm	warm
Fahrstraßen, unbefestigt	warm/kalt	kalt
Straßen (Asphalt)	warm	warm
entweichende Gase aus Schächten	warm	kalt

[10] hier gibt es Ausnahmen, wenn bei hellen Materialien der Anteil der Strahlungsreflexion überwiegt

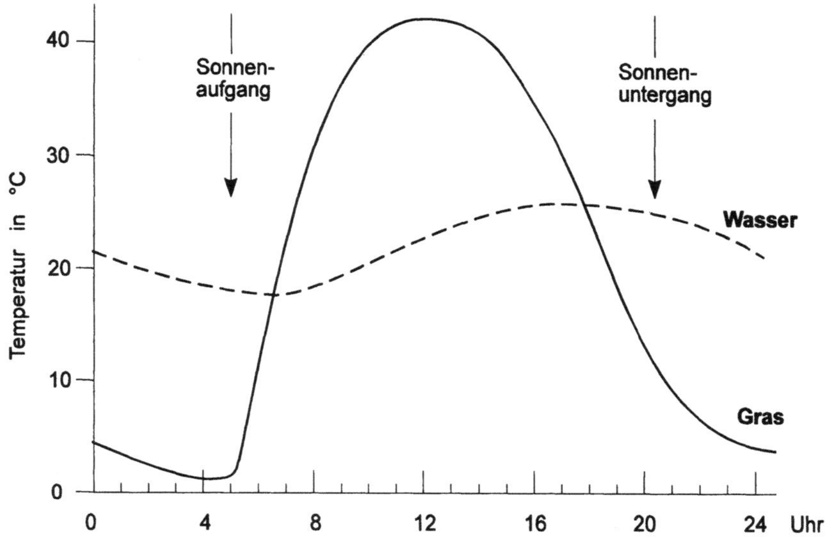

Abb. 6.8: Die Oberflächentemperatur von Wasser und Gras im Tagesverlauf (nach LOWE, 1969)

Bei den voranstehenden Ausführungen wurden Wärmequellen im Inneren von Deponien nicht in die Betrachtungen einbezogen. Beispielsweise können durch die Verkippung von Aschen und leicht entzündlichen Materialien Schwelbrände im Inneren einer Deponie entstehen. Wenn die damit verbundenen endogenen Temperaturanomalien entsprechend ausgeprägt sind, lassen sich diese Zonen im Thermalbild selbst über einer mehrere Meter mächtigen Bedeckung noch erkennen. Bei der in Abschnitt 4.2.1 vorgestellten Thermalanomalie über oxidierenden Pyriten handelt es sich um eine solche, allerdings relativ seltene Situation (vgl. *Abb. 4.4*). Dagegen ist es schwer, vergleichsweise geringe Temperaturerhöhungen infolge von Zersetzungsprozessen im Deponieinneren vor dem Hintergrund der außerordentlich differenzierten Wärmeemission der meist sehr heterogenen Deponieoberfläche zu erfassen.

In *Abb. 6.9* sind Ausschnitte je eines Flugstreifens der Nacht- und Tagbefliegung der Deponie Schöneiche gegenübergestellt. Die in *Tabelle 6.1* zusammengefaßten Angaben zum relativen Temperaturverhalten typischer Materialien an der Deponieoberfläche werden anhand dieser Thermalaufnahmen kurz erläutert und diskutiert. Auffällig ist, was bereits in *Abb. 6.8* als Meßkurve zum Ausdruck kommt, daß sich die Temperaturverhältnisse verschiedener Materialien im Laufe eines Tages umkehren. Analog verhalten sich die Strahlungstemperaturen im Thermalbild. Dieses wird besonders bei Wasserflächen, Vegetation, Lehmabdeckungen von Müllagen, Gasschächten und zum Teil an Fahrstraßen deutlich. Außerdem sind bei Böschungen die Temperaturverhältnisse von der jeweiligen Neigung zur Sonne abhängig. Folgende Temperaturrelationen fallen auf:

(1) Gasschächte: Auf der Deponie existiert ein Netz von Schächten zur Ableitung von Deponiegasen. Im nördlichen Teil der Deponie Schöneiche beginnt man, die Gase aufzufangen und einer Verwertung zuzuführen. Die Gasschächte fallen nachts bei relativer "Abkühlung" der Deponieoberfläche durch hohe Strahlungstemperaturen auf. Bei Sonneneinstrahlung und "Aufheizung" der Deponieoberfläche erscheinen die Schächte als "kalt". Aus gegenwärtiger Sicht sind die Temperaturen der über diese Schächte nach außen gelangenden Gase der einzige Anhaltspunkt für Temperaturanomalien und damit verbundene mögliche Zersetzungsprozesse im Inneren des Deponiekörpers (vgl. auch Erläuterung zu *Abb. 6.11*).

(2) Frischmüll: Frisch abgelagerter Müll erscheint auf beiden Aufnahmeserien als "kalt" gegenüber seiner Umgebung. Eine Verallgemeinerung der Temperaturen von frischem Abfall als "warm", wie es von EHRENBERG (1991) erfolgte und zum Teil von anderen Autoren übernommen wurde, erscheint daher nicht zulässig. Eine andere Zusammensetzung des Mülls, z.B. mit mehr organischen Bestandteilen und auch anderem Material in der Umgebung des frischen Mülls, kann die hier festgestellten Temperaturverhältnisse bereits wieder verschieben. Deshalb sollte mit der vielfach vertretenen pauschalen Auffassung, frisch abgekippten Müll über eine vergleichsweise höhere Wärmeabstrahlung erkunden zu können, vorsichtiger umgegangen werden.

(3) Hangbereiche, Böschungen: Zur Sonne geneigte Hangbereiche heizen sich in Abhängigkeit vom abgelagerten Material stärker auf als horizontale Flächen und werden dadurch nachts und im Laufe des Tages als "warme" Bereiche abgebildet (siehe Westböschung im Nachtflug). Während des Mittagsfluges unter direkter Sonneneinstrahlung stehende Südböschungen liegen außerhalb des in *Abb. 6.9* erfaßten Geländebereiches.

Abb. 6.9: (gegenüberliegende Seite): Gegenüberstellung desselben Geländestreifens der Deponie Schöneiche auf den Thermalaufnahmen des Nachtfluges am 13. Mai 1993, 05.15 MEZ (*oben*) und des Mittagsfluges am 11. Mai 1993, 13.00 MEZ (*unten*); keine Niederschläge und Änderungen der grundsätzlichen Wetterlage zwischen beiden Flügen (Aufnahmen: F. Böker/F. Kühn, BGR)

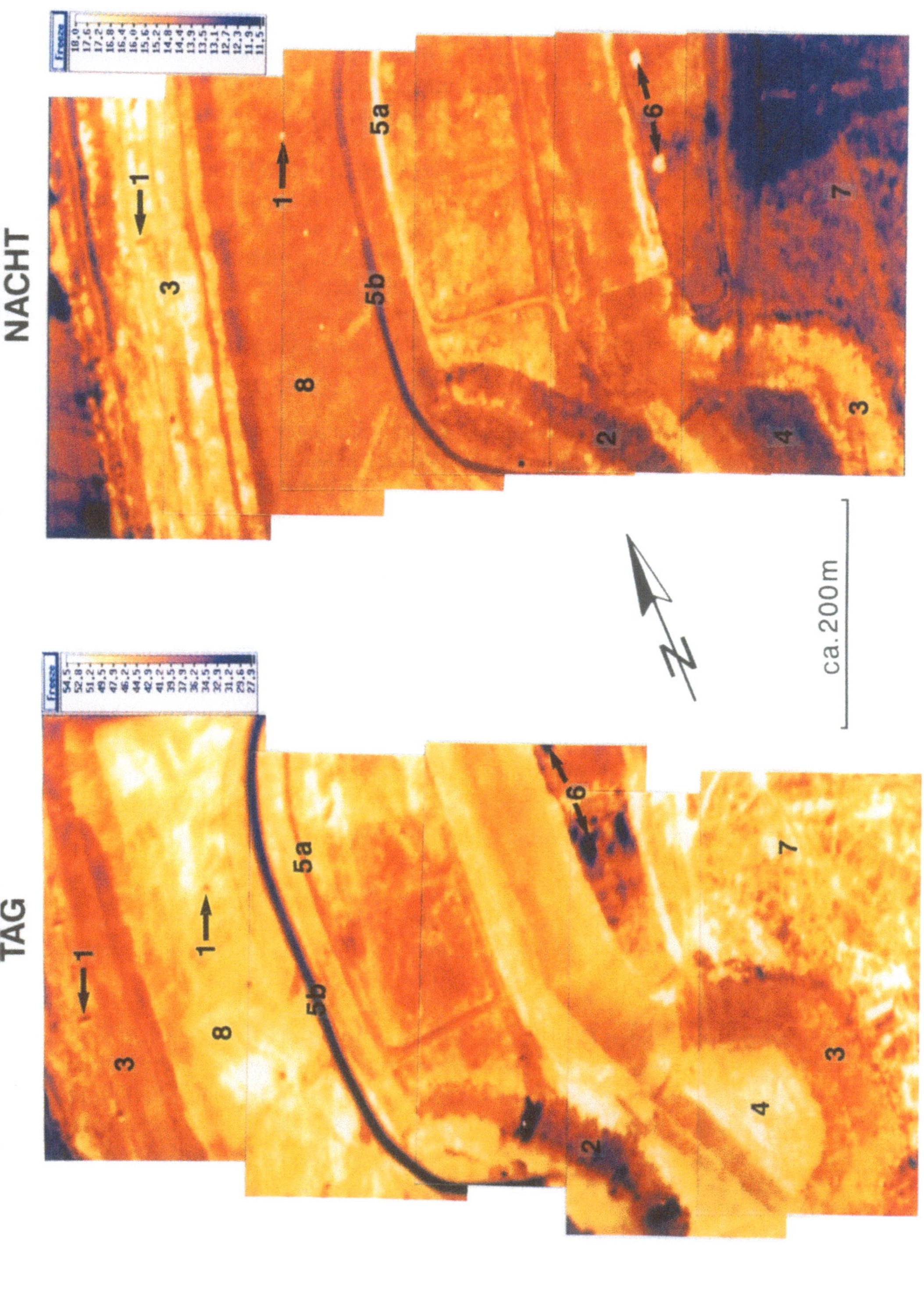
NACHT
TAG
N
ca.200m
1
3
8
5a
5b
2
4
6
7

(4) Piasolschaumabdeckung: Die helle Oberfläche der Piasolschaumschicht reflektiert einen vergleichsweise großen Anteil der einfallenden Sonnenstrahlung. Damit erfolgt eine geringe Strahlungsabsorption oder auch Aufheizung. Diese Flächen erscheinen nachts als "kalt" und am Tage als "warm".

(5) Fahrstraße: Die Fahrstraßen erscheinen im Thermalbild differenziert. In der Regel wirken Fahrstraßen infolge der Bodenverdichtung als Wärmebrücken, die den Abfluß von Wärme aus dem Deponieinneren an die Oberfläche begünstigen. Die vielfach vertretene Auffassung, daß sich Fahrstraßen deshalb grundsätzlich als warme Bereiche abbilden, trifft offensichtlich nur für geringmächtige Abdeckungen und Nachtaufnahmen zu (vgl. 5a). Bei Abdeckungen größerer Mächtigkeiten wurden in beiden Flügen Fahrstraßen als kalte Bereiche erfaßt (5b).

(6) Wasserflächen: Mit Ausnahme stark verschmutzter bzw. euthrophierter Gewässer wurden die meisten offenen Wasserflächen unter den bestehenden Befliegungsbedingungen (tags sommerliche Temperaturen, nachts Abkühlung) nachts als "warm" und am Tage als "kalt", bezogen auf die Umgebung, wahrgenommen.

(7) Hausmüll unter einer 30 - 50 cm mächtigen Lehmabdeckung mit vereinzelten Grasflecken: Die Lehmschicht auf einer plateauartigen Fläche erscheint im Thermalbild wie ein gering wasserdurchlässiger und damit immer etwas feuchter Boden. Die im Thermalbild erkennbaren Temperaturverhältnisse werden offensichtlich durch die in der Lehmschicht enthaltene und Mitte Mai noch nicht ausgetrocknete Feuchte geprägt. Ein Zurückführen der Feuchteindikationen auf einen direkten Kontakt mit dem Grundwasser, wie bei EHRENBERG (1991) beschrieben, ist in Anbetracht der mächtigen Müllschicht in diesem Deponieabschnitt sehr unwahrscheinlich.

(8) Plateaubereich: Die wellige, abgedeckte Oberfläche bewirkt am Tage ein vergleichsweise unruhiges Thermalbild. Bei fehlender Sonneneinstrahlung in den Nachtstunden fällt dieser Bereich durch eine gleichförmigere Wärmeemission auf.

Am Beispiel der beiden Flugstreifen sollte gezeigt werden, daß es unter Normalbedingungen schwierig sein kann, aus den Thermalbildern einer "normalen" Deponie Angaben zu möglichen Wärmequellen im Müllkörper oder besonderen Materialeigenschaften des an der Oberfläche abgelagerten Mülls abzuleiten. Besonders deutlich wird die Schwierigkeit der Erkennung von Materialeigenschaften auf Thermalbildern (*Abb. 6.10*). In der Nachtaufnahme erscheinen eine Frischmüllkippe (1), ein Fahrweg (2) und eine Abdekkung mit Piasolschaum (3) mit annähernd gleichen Temperaturen. Das kann unter anderen Aufnahmebedingungen völlig anders aussehen.

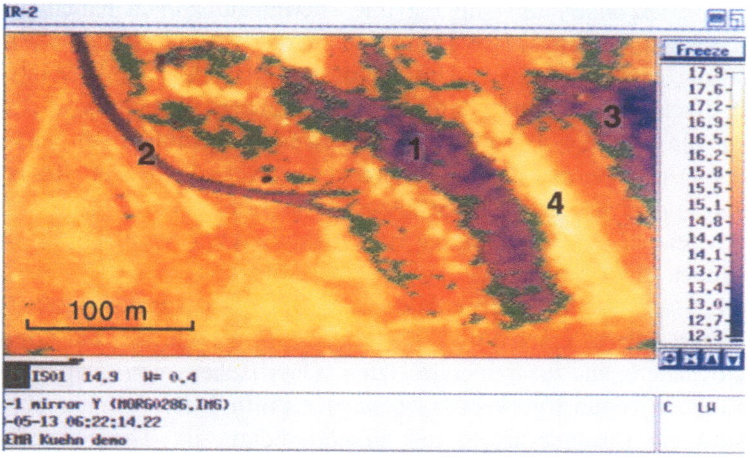

Abb. 6.10: Thermalbild vom 13. Mai 1993, 5.22 MEZ, von einem Abschnitt der Deponie Schöneiche mit Frischmüll (*1*), einer Fahrstraße (*2*), Piasolschaumabdeckung (*3*) und Böschung (*4*); grün: 14,9° Isotherme (Aufnahme: F. Böker/F. Kühn, BGR)

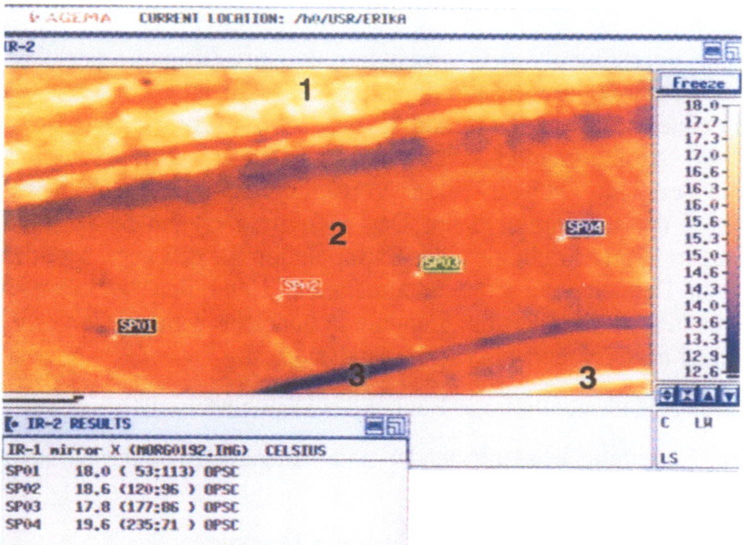

Abb. 6.11: Das Thermalbild vom 13. Mai 1993, 5.15 MEZ zeigt Schächte zur Ableitung von Deponiegasen (SP01-04); die Bildverarbeitungs- und Auswertesoftware der "AGEMA 900" gestattet die Berechnung der Strahlungstemperaturen an der Öffnung der Schächte, die hier zwischen 17,8°C und 19,6°C schwanken; die Temperaturerhöhung um 1,8°C zwischen SP03 und SP04 zeigt einen Temperaturanstieg im Deponieinneren an; (*1*): Böschung, (*2*): abgedeckte Deponieoberfläche, (*3*): Fahrstraßen (Aufnahme: F. Böker/F. Kühn, BGR)

Die bisherigen Erfahrungen im Umgang mit Thermalaufnahmen haben gezeigt, daß aussagefähige Ergebnisse dann erzielt wurden, wenn ihre Auswertung zur Klärung ausgewählter Einzelprobleme erfolgte. Das war beispielsweise bei der flächenhaften Beurteilung der abdichtenden Wirkung von Deponieabdeckungen, der Lokalisierung von Schwelbränden innerhalb einer Halde (*Abb. 4.4*), der Beurteilung des Versickerungsvermögens von Böden (*Abb. 4.10/unten*) oder auch bei der Schätzung von Temperaturverhältnissen im Deponieinneren über die Bestimmung von Strahlungstemperaturen an Gasschächten gegeben (*Abb. 6.11*).

Die Interpretierbarkeit von Thermalbildern des Deponiekörpers wurde ausführlich diskutiert. Dieses erschien als erforderlich, da gerade bei den komplizierten und heterogen zusammengesetzten Oberflächen von Deponien Fehlinterpretationen begünstigt werden, wenn der Einfluß der Aufnahmebedingungen und die Besonderheiten der Fernerkundung im Thermalstrahlungsbereich nur ungenügende Berücksichtigung finden.

Weitaus einfachere Verhältnisse sind bei der Auswertung und Interpretation von Thermalbildern des Deponieumfeldes anzutreffen. Einige typische Anwendungen werden in den nachfolgenden Abschnitten vorgestellt.

6.3.2.2 Untersuchung des Deponieuntergrundes

Eine realistische Beurteilung von Eigenschaften und des Zustandes der obersten Bodenschichten, die die Auflagefläche der heutigen Deponie Schöneiche bilden, war in erster Linie auf der Grundlage von Luftbildern aus dem zeitlichen Vorfeld des Deponiestandortes möglich. Dazu standen mehrere Luftbildserien aus dem Zeitraum 1945 - 1976 zur Verfügung. Darüber hinaus wurde versucht, anhand der im unmittelbaren Deponieumfeld erkannten Strukturmerkmale eine Art "Fortschreibung" oder Extrapolation für den angrenzenden nichteinsehbaren Deponieuntergrund vorzunehmen. Unter den landschaftlichen Gegebenheiten am Standort der Deponie Schöneiche wurden die vorliegenden Luftbilder nach folgenden Kriterien analysiert:

- ursprüngliche Geländesituation vor Beginn des Deponiebetriebes,
- flächenhafte Verteilung wasserstauender und -leitender Bodenbestandteile (natürliche Drainagen),
- ehemalige Feuchtgebiete unterhalb des heutigen Deponiekörpers,
- künstliche Drainagesysteme, über die eine kanalisierte Ableitung von Sikkerwässern aus dem Deponiekörper in das Umfeld möglich ist.

Anhand ausgewählter Bildbeispiele werden nachfolgend einige Kriterien für die Erkennung der genannten Geländemerkmale erläutert. Die *Abb. 6.12* zeigt einen Ausschnitt aus einem Luftbild vom 22. Mai 1953. Zu diesem Zeitpunkt ist auf der gesamten Fläche, die heute von einer ca. 10 - 15 m mächtigen Müllschicht bedeckt wird, eine ackerbauliche Nutzung erkennbar. Unter der Parzellenstruktur sind abwechselnd helle und dunkle Bereiche sichtbar. Grundsätzlich können die hellen Bereiche entweder mit kleineren lokalen Hochlagen oder mit sandigen Bestandteilen in den obersten Bodenschichten erklärt werden. Bei stereoskopischer Betrachtung sind hier keine Übereinstimmungen mit lokalen Erhebungen des Geländes feststellbar. Im Gegenteil liegen einige der helleren Bereiche in Senken. So bleibt als Arbeitshypothese, daß es sich hier vermutlich um Bereiche mit geringem Wasserrückhaltevermögen handelt. Es muß davon ausgegangen werden, daß an diesen Stellen Sickerwässer aus dem Inneren der Deponie zusammenlaufen und auf direktem Wege in den obersten Grundwasserleiter gelangen können.

Beim Betrachten des gleichen Luftbildes fällt des weiteren auf, daß zum linken Rand der heutigen Deponiefläche die Häufigkeit der hellen Flächen abnimmt. Gleichzeitig nimmt die Dichte von Gräben zur Oberflächenentwässerung des Geländes zu. Hier ist entweder mit einem verhältnismäßig hohen Wasserrückhaltevermögen der Bodensubstrate oder geringen Flurabständen des Grundwassers zu rechnen. Die tatsächliche Ursache für die damalige Notwendigkeit einer Entwässerung des Geländes kann nur durch Bohrungen oder geophysikalische Messungen geklärt werden. Dem Luftbild ist aber mit hoher Sicherheit zu entnehmen, daß hier die Ablagerungen an der Basis der heutigen Deponie im direkten Kontakt zu einer Feuchtezone stehen. Möglich ist sowohl ein hydraulischer Kontakt der untersten Abfallagen mit dem obersten unbedeckten Grundwasserleiter als auch ein Rückstau von Sickerwässern aus dem Deponiekörper. Ein Abfluß über noch wirkende Drainagen kann nicht ausgeschlossen werden. Damit können erste Vorstellungen über die Eigenschaften der Bodensubstrate an der Deponiebasis entwickelt werden, welche einen zielgerichteten Ansatz von Folgeuntersuchungen mit anderen Untersuchungsverfahren erleichtern.

Der Grad der Verwertbarkeit historischer Luftbilder ist nicht immer kalkulierbar. Anders als bei einer Neubefliegung, die unter optimalen jahreszeitlichen Bedingungen angesetzt wird, unterliegt die Eignung von Archivluftbildern dem Zufall. Aus der Erfahrung geologischer Aufgabenstellungen ist grundsätzlich davon auszugehen, daß die photographische Qualität der recherchierten Luftbilder von sehr gut bis nicht verwertbar variieren kann. Ein optimaler Aufnahmezeitpunkt wurde beispielsweise während eines amerikanischen Aufklärungsfluges im Raum Mittenwalde am 10. April 1945 getroffen (*Abb. 6.13*). Der gerade beginnende Pflanzenwuchs und der Wetterverlauf im zeitlichen Vorfeld dieses Fluges gestatten eine sehr sensible Erfassung von Substrat- und Feuchteänderungen im Untersuchungsgebiet.

Abb. 6.12: Auflagefläche der heutigen Deponie Schöneiche auf einem Luftbild vom 22. Mai 1953 (*Kontur gekennzeichnet*); helle und dunkle Bereiche auf der damals ackerbaulich genutzten Fläche signalisieren unterschiedliche Bodensubstrate, die die Versickerungseigenschaften der Schichten an der heutigen Deponiebasis beeinflussen; Entwässerungsgräben deuten auf einen geringen Flurabstand des ersten Grundwasserleiters oder auf eine verhältnismäßig geringe Wasserdurchlässigkeit des Bodens hin (Quelle: uve GmbH Berlin)

Im Geländeabschnitt, der heute von der Nordhalde der Deponie Schöneiche bedeckt wird, sind in *Abb. 6.13* schwache streifenförmige Strukturen erkennbar. Solche Oberflächenmerkmale können durch langjährige ackerbauliche Nutzungen oder alte Drainagesysteme hervorgerufen werden (vgl. SCHNEIDER 1974). Gegen eine Interpretation als Spuren früherer landwirtschaftlicher Nutzungen spricht eine schwach erkennbare Mittelachse. Es ist somit nicht auszuschließen, daß es sich um ein älteres Drainagesystem handelt, dessen Existenz und Lage bisher nicht bekannt waren. Es könnte in den dreißiger Jahren oder auch früher angelegt worden sein. Läßt sich diese Vermutung bestätigen, dann deuten die hellen Streifen darauf hin, daß das System im Jahr 1945 zum Teil noch funktionierte und in den Galluner Graben entwässerte. Damit stellt sich die Frage, ob in einem solchen alten Drainagesystem nicht heute noch schadstoffbelastete Sickerwässer aus dem Deponiekörper zusammenlaufen und kanalisiert in den Galluner Graben abfließen können. Die Auswertung von CIR-Luftbildern erbrachte für die Umgebung der vermuteten Einleitung in den Galluner Graben Hinweise auf flächenhafte Pflanzenschäden und eine leicht veränderte Färbung des Wassers (vgl. Abschn. 6.3.2.3.2). Für Folgeuntersuchungen ergeben sich damit konkrete Ansatzpunkte.

Der Zufall des richtigen Aufnahmezeitpunktes von nicht gezielt erflogenen Luftbildern (in der Regel Archivbilder) ist auch für die Erkennung von Naß- oder Sickerstellen an den Rändern einer Deponie entscheidend. In *Abb. 6.14* sind Luftbilder von 1992 und 1945 sowie eine Thermalaufnahme von 1993 desselben Abschnitts am Westrand der Deponie Schöneiche gegenübergestellt. Das Luftbild vom Mai 1992 (oben) läßt im markierten Abschnitt kaum eine Strukturierung des Grautones erkennen. Zum Zeitpunkt der Aufnahme war ein homogener, flächendeckender Bewuchs vorhanden, womit der verhältnismäßig helle und einförmige Grauton erklärt werden kann. Im Gegensatz dazu sind im gleichen Geländeabschnitt sowohl auf dem Luftbild vom April 1945 (Mitte) als auch auf dem Thermalbild vom Mai 1993 (unten) Strukturen zu erkennen, die auf lokal begrenzte Feuchteanomalien im Boden hindeuten. Die tiefblaue Farbe im Thermalbild steht für eine kalte, durchfeuchtete Geländeoberfläche.

Vermutlich wirken sich hier Schwankungen der ohnehin sehr flachen Grundwasseroberfläche in Verbindung mit einem differenzierten Wasserrückhaltevermögen der Bodensubstrate auf das Feuchteregime an der Geländeoberfläche aus. Das heißt, es ist nicht auszuschließen, daß bei witterungsbedingten geringen Flurabständen des Grundwassers die dem Deponieuntergrund aufliegende erste Abfallschicht ebenfalls mit dem Grundwasser in Kontakt steht und Lösungsprozesse mit Schadstoffmigrationen ablaufen.

Abb. 6.13: Kriegsluftbild vom 10. April 1945 mit kontrastreicher Wiedergabe von Feuchte- und Substratänderungen im Bereich der Nordhalde und des nördlichen Umfeldes der heutigen Deponie Schöneiche (Deponierand gekennzeichnet); ein altes Drainagesystem kann anhand eines schwach erkennbaren Streifenmusters vermutet werden (Recherche und Beschaffung: Luftbilddatenbank in Würzburg im Auftrag der BGR)

Abb. 6.14: (gegenüberliegende Seite): Beispiel für den Einfluß der Jahreszeit und des Wetterverlaufs im zeitlichen Vorfeld einer Befliegung: Luftbild vom 15. Mai 1992 (*oben*) mit kaum erkennbarer Strukturierung des Grautones der Geländeoberfläche infolge eines flächendeckenden, homogenen Bewuchses; Luftbild vom 10. April 1945 (*links unten*) mit Markierung des heutigen Deponierandes (*D*) und Thermalaufnahme vom 13. Mai 1993, 05.10 Uhr MEZ (*rechts unten*) jeweils mit Anzeichen für eine differenzierte Durchfeuchtung des Bodens; Fläche der Thermalaufnahme/TIR in den Luftbildern gekennzeichnet (Quellen: Landesvermessungsamt Brandenburg, Luftbilddatenbank in Würzburg, BGR)

TIR

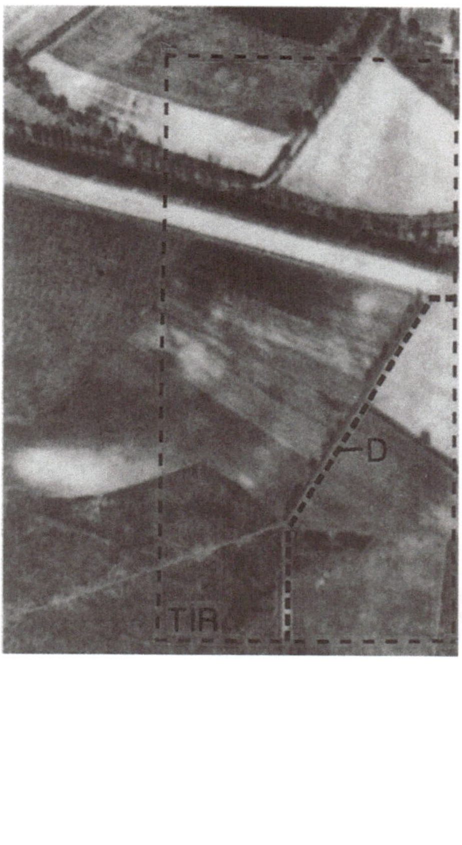
D
TIR

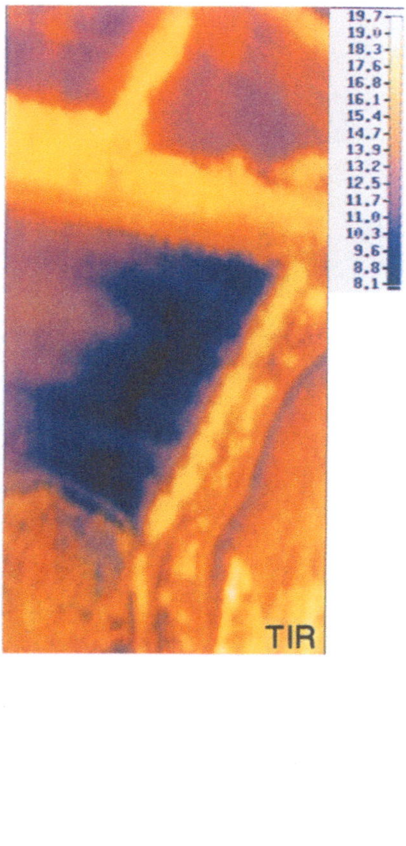
19.7
19.0
18.3
17.6
16.8
16.1
15.4
14.7
13.9
13.2
12.5
11.7
11.0
10.3
9.6
8.8
8.1
TIR

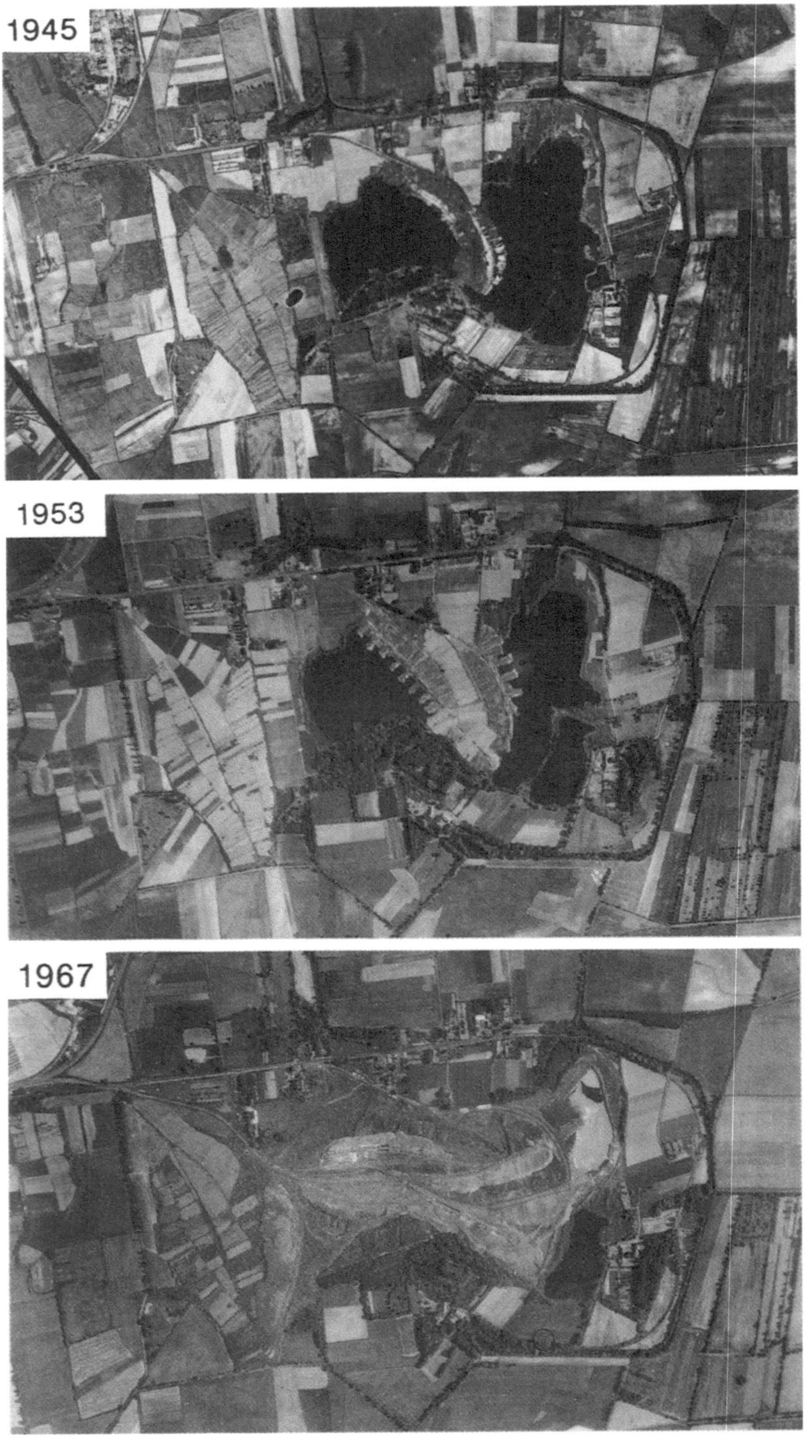
1945
1953
1967

Eine völlig andere Situation ist an der Basis der benachbarten Deponie Schöneicher Plan erkennbar (*Abb. 6.15*). Hier wurde bereits in den 20er Jahren mit der Verkippung von Abfällen in wassergefüllte Restlöcher ehemaliger Ziegeleitongruben begonnen. Nach den vorliegenden Luftbildern dauerte die Verfüllung der offenen Gewässer bis weit in die 70er Jahre. Folglich ist mit einer sehr heterogenen Zusammensetzung der heute in den obersten Grundwasserleiter hineinreichenden Abfallschichten zu rechnen. Die Luftbilder lassen erkennen, in welche Restlöcher und zu welchen Zeiten Abfälle verkippt wurden. Damit wird es beispielsweise möglich, heute nicht mehr bekannte Ablagerungsflächen für Siedlungs- und Industrieabfälle vor 1945, für Militärmüll und Trümmermaterial aus Kriegsschäden bis in die 50er Jahre oder für typische Abfälle der 60er und 70er Jahre einzugrenzen. Die permanente Einwirkung des Grundwassers kann hier zu Lösungs- und Korrosionsprozessen mit entsprechenden Gefährdungspotentialen führen. Bei einer Beurteilung der ca. 200 m entfernten Deponie Schöneiche sind mögliche, von der Nachbardeponie ausgehende Belastungen zu beachten (vgl. auch *Abb. 4.2* und *4.3*).

6.3.2.3 Untersuchung des Deponieumfeldes

6.3.2.3.1 Eigenschaften der Geländeoberfläche

Bei der Untersuchung eines Deponiestandortes sollte das Umfeld grundsätzlich mit einbezogen werden. Das ermöglicht die Beurteilung potentieller Migrationswege für kontaminierte Sickerwässer und das Erkennen von regionalen Strukturen. Darüber hinaus werden Altlastverdachtsflächen aus früheren oder parallelen Nutzungen des Geländes erkennbar, die bei der Bewertung von Gefährdungspotentialen einer Deponie mit in die Betrachtungen einbezogen werden müssen. Für das Umfeld der Deponie Schöneiche wurden Luftbilder und Thermalaufnahmen nach folgenden Kriterien ausgewertet:

- Geländebereiche mit erhöhter Bodenfeuchte, Quellen oder flächenhafte Entlastungen aus dem obersten Grundwasserleiter,
- Substratwechsel in den obersten Bodenschichten,
- Altlastenverdachtsflächen und sonstige potentielle Quellen für Belastungen des Bodens und Grundwassers,
- Vitalitätszustand der Vegetation.[11]

Abb. 6.15 (gegenüberliegende Seite): Zeitliche Entwicklung der Müllverkippung in ehemalige Ziegeleitongruben unter der heutigen Deponie Schöneicher Plan nach Luftbildern vom 10. April 1945 (*oben*), 22. Mai 1953 (*Mitte*) und 23. Juni 1967 (*unten*); (Quellen: Luftbilddatenbank in Würzburg, uve GmbH Berlin und Bundesarchiv, Abteilung Potsdam)

[11] wird in Abschnitt 6.3.2.3.2 gesondert behandelt

Naßstellen und Quellen:

Wie im voranstehenden Text gezeigt, können **Naßstellen und Quellen** mit Hilfe von Fernerkundungsdaten relativ sicher erfaßt werden. Häufigste Ursachen für Naßstellen an der Geländeoberfläche sind der Rückstau von Niederschlagswässern über schwach durchlässigen Bodensubstraten, geringe Flurabstände zum obersten Grundwasserleiter sowie Quellen bzw. flächenhafte Entlastungen aus dem obersten Grundwasserleiter. Die gezielte geochemische Beprobung von Naßstellen im Umfeld einer Deponie kann Aufschlüsse über den Abfluß von Sickerwässern aus einer Deponie in ihre Umgebung liefern.

Ein Beispiel für die Wiedergabe eines stark durchfeuchteten Geländeabschnittes auf einem panchromatischen Luftbild enthält die *Abb. 6.16.* Es handelt sich hier um ein Feuchtgebiet ca. 100 m nordwestlich der Deponie Schöneiche. An einigen Stellen sind flächenhafte Vernässungen an der Geländeoberfläche sichtbar. Daß es sich offenbar um ein ständiges Feuchtgebiet handelt, zeigen heute zum Teil verlandete Grabensysteme, die auf älteren Luftbildern zu erkennen sind. Messungen der elektrischen Leitfähigkeit des Grundwassers in den Pegelbohrungen weisen hier auf eine erhöhte Mineralisation hin. Oberflächennah wurden Leitfähigkeiten um 1200 µS/cm ermittelt. Dieser Wert liegt etwa um den Faktor vier über dem Normalwert. Damit ist zu prüfen, ob mineralisierte Sickerwässer aus dem Deponiekörper wenige hundert Meter nördlich der Deponie an der Geländeoberfläche austreten. Ergebnisse hydrochemischer Beprobungen lagen noch nicht vor.

Anzeichen für eine intensive Durchfeuchtung des Geländes sind auch in den Thermalaufnahmen erkennbar. Eine zusammenhängende "kalte" Zone weist auf hohe Wassergehalte in den obersten Bodenschichten hin (*Abb. 6.17*).

Altablagerungen, Altlastverdachtsflächen:

Bei der Feststellung eines Verdachts auf Verunreinigungen des Bodens und Grundwassers entstehen immer Fragen nach den zeitlichen und räumlichen Trends der Schadstoffausbreitung sowie einem eventuell erforderlichen Untersuchungs- oder Sanierungsbedarf. Da hier erhebliche finanzielle Aufwendungen entstehen können und bei Sanierungen das Verursacherprinzip gilt, ist ein Deponiebetreiber im allgemeinen an einer differenzierten Ursachenforschung interessiert. Es ist keine Seltenheit, daß im "Windschatten" von großen Deponien illegale Entsorgungen von Abfällen erfolgen. Beispielsweise wurden 1990/91 im Ergebnis einer Luftbildauswertung im Rahmen der Gefährdungsabschätzung für eine Großdeponie über 40 weitere, nicht zu dieser Deponie gehörende, Verdachtsflächen in der unmittelbaren Umgebung aufgefunden. Das Spektrum der dabei vorerst als Verdachtsflächen angesprochenen und anschließend mittels Groundcheck verifizierten Ablagerungen reichte von Hausmüll über die Einleitung von Gülle in Oberflächengewässer bis hin zur Verkippung von Tierkadavern.

Abb. 6.16: Luftbild vom nordwestlichen Vorfeld der Deponie Schöneiche mit Anzeichen für eine intensive Durchfeuchtung der Geländeoberfläche, erkennbar an den dunklen Grautönen; an einigen Stellen wird austretendes Wasser zum Zeitpunkt der Aufnahme über z.T. bereits verlandete Gräben abgeleitet; Fläche des Thermalbildes von Abb. 6.17 und Deponierand gekennzeichnet (Aufnahme vom 20. April 1974, Quelle: Bundesarchiv, Abteilung Potsdam)

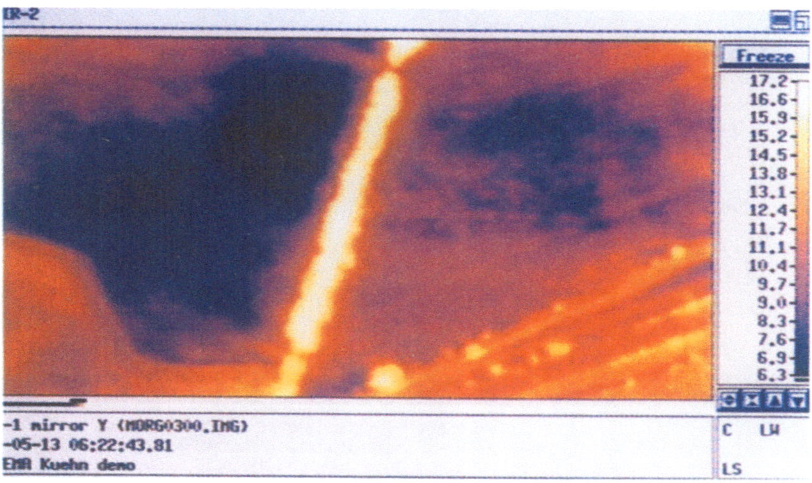

Abb. 6.17: Die Thermalaufnahme vom 13. Mai 1993, 05.22 MEZ zeigt für den im Luftbild von Abb. 6.16 gekennzeichneten Geländeabschnitt geringe Temperaturen an, die auf eine hohe Bodenfeuchte hinweisen (Aufnahme: F. Böker/F.Kühn, BGR)

Von der Arbeitsgemeinschaft "Sanierungs- und Betriebskonzept/Abfallentsorgung Berlin" wurden 1992 im Auftrag des Deponiebetreibers **Altlasten und Altlastverdachtsflächen** im Umfeld der Deponien Schöneiche und Schöneicher Plan erfaßt. Dabei wurden mehrere Ablagerungsflächen, Altdeponien sowie Fäkalien- und Abwasserverregnungsflächen kartiert. Im Ergebnis der nachfolgenden Untersuchungen mit Verfahren der Geofernerkundung konnten im Umfeld der Deponien weitere verdeckte Altablagerungen lokalisiert werden. Ein Beispiel für eine Altablagerung zwischen den Deponien Schöneiche/Schöneicher Plan ist in *Abb. 6.18* dargestellt. Im Stereopaar ist südöstlich des wassergefüllten Restloches eine leicht nach Südosten ansteigende Schüttfläche erkennbar. Das Gelände wurde zum Zeitpunkt der Aufnahme als Ackerfläche genutzt. Auf den Thermalbildern sind bei dieser Fläche Temperaturanomalien erkennbar, die auf künstliche Inhomogenitäten im Material unterhalb des Oberbodens hindeuten (*Abb. 6.19*). Im unmittelbaren Umfeld der Deponien konnten weitere ähnliche Ablagerungsindikationen festgestellt werden. Die Klärung, ob es sich dabei lediglich um eine Ablagerung von Abraum aus den ehemaligen Ziegeleitongruben oder um Altdeponien handelt, bleibt der Überprüfung durch Schürfe oder Bohrungen vorbehalten.

Abb. 6.18: Ausschnitt aus einem CIR-Luftbild vom 3. Juli 1993 (Stereopaar) mit einer Altablagerung unmittelbar westlich der Deponie Schöneiche (Bildmitte); (Aufnahme: WIB GmbH Berlin im Auftrag der BGR)

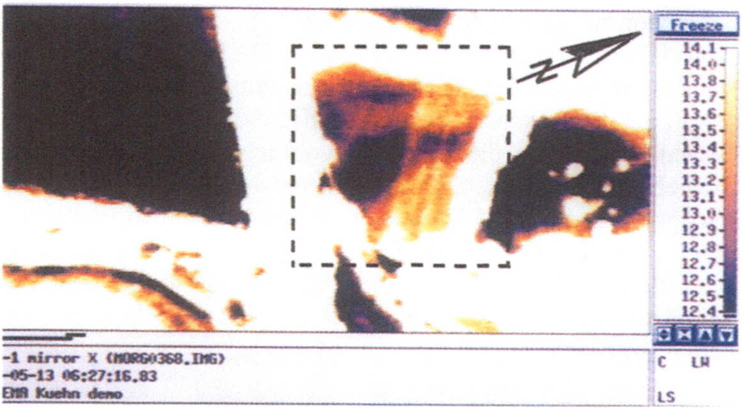

Abb. 6.19: Altablagerung von *Abb. 6.18* auf einer Thermalaufnahme vom 13. Mai 1993, 05.27 MEZ (s. Markierung), mit Temperaturanomalien als Folge einer teilweisen Pflanzenbedeckung (warm, gelb-orange Streifenstruktur) sowie von Materialwechsel im Boden (kalt, etwa Nord-Süd-streichende dunkelblaue Strukturen); (Aufnahme: F. Böker/F. Kühn, BGR)

Eigenschaften der Bodensubstrate:

Des weiteren wurde versucht, Angaben zur **Verteilung der Bodensubstrate** im Untersuchungsgebiet zu erhalten. Kenntnisse über die Eigenschaften und die Verteilung der Bodensubstrate im Umfeld von Deponien sind wünschenswert, um Hinweise auf die Bodenzusammensetzungen unter der Deponie selbst zu erhalten. In erster Linie wurden ergänzende Angaben zu möglichen Wasserwegsamkeiten in den obersten Bodenschichten erwartet. Unter den geologischen Bedingungen im Untersuchungsgebiet konnten von der Auswertung der panchromatischen Luftbilder hauptsächlich Hinweise auf die flächenhafte Verteilung von sandigen und bindigen Bodensubstraten erwartet werden (vgl. auch AG BODENKUNDE 1982). Dabei kann es vor allem bei der Differenzierung zwischen bindigen und humosen Bodenbestandteilen zu Grenzen in der Aussagefähigkeit von panchromatischen Luftbildern kommen, die Geländekontrollen erfordern. Die Erkennbarkeit von Bodensubstraten auf multispektralen und konventionellen Luftbildern ist Gegenstand unveröffentlichter Forschungsberichte von HÖRIG & ULBRICHT (1986), LANGER & WEGNER (1986) sowie GLÄSER (1989).

Die *Abb. 6.20* zeigt einen Ausschnitt aus einem CIR-Luftbild vom 2. Juli 1993. Der Luftbildausschnitt erfaßt den Ostrand der Deponie Schöneiche mit einer angrenzenden Ackerfläche, die zum Zeitpunkt der Aufnahme mit ca. 15 cm hohem Sommergetreide bedeckt war. Auf diesem Bild ist eine sensible Reaktion des Pflanzenwachstums auf die Eigenschaften des Bodensubstrates erkennbar. Die geschlossenen roten Flächen signalisieren einen dichten, fortgeschrittenen Pflanzenwuchs. Die Ursache ist in einem besseren Nährstoffangebot in Verbindung mit erhöhten Wassergehalten des Bodens zu suchen. Das verlangsamte Pflanzenwachstum auf den hellen Flächen ist dagegen auf geminderte Nährstoffangebote in Verbindung mit einem geringeren Wasserrückhaltevermögen des Bodensubstrates zurückzuführen. Überprüfungen der Flächen im Gelände bestätigten die Annahme vorwiegend sandiger Böden. Die unmittelbar neben der Deponieböschung erkennbaren Bodenverhältnisse können näherungsweise auch für die ersten 20 - 50 m der ehemaligen Geländeoberfläche unter dem Deponiekörper angenommen werden. In den vorwiegend sandigen Bereichen ist stets mit einer guten Wasserwegsamkeit von der Deponiebasis zum obersten, hier flächenhaft unbedeckten Grundwasserleiter zu rechnen.

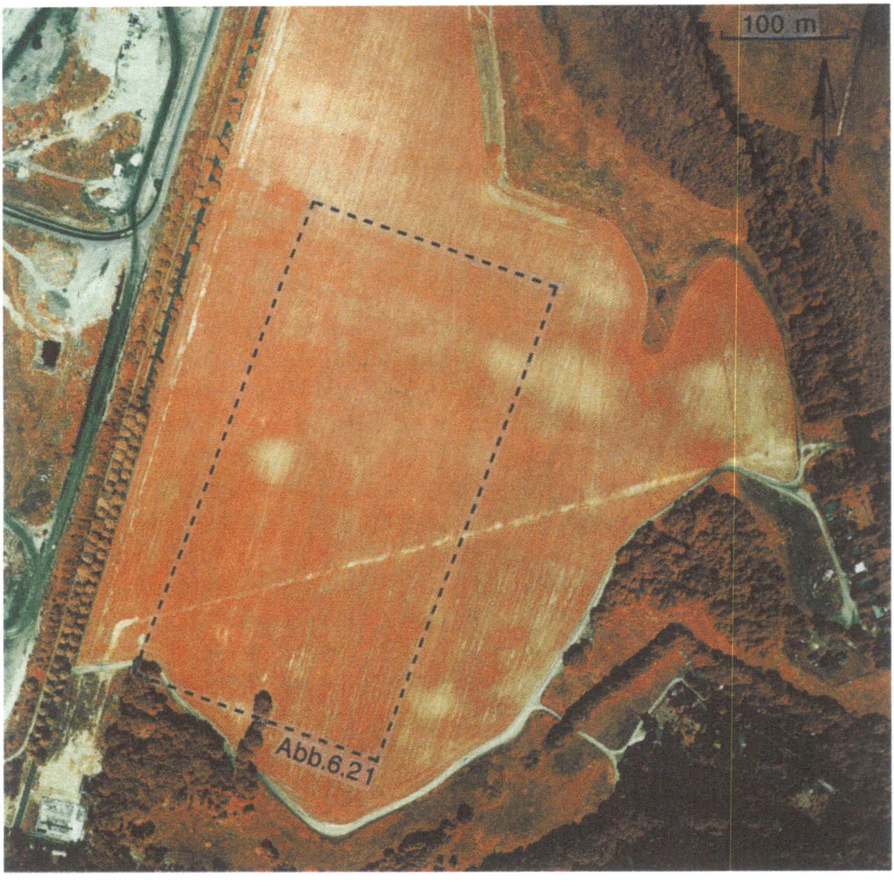

Abb. 6.20: Ausschnitt aus einem CIR-Luftbild vom 2. Juli 1993 mit dem östlichen Rand der Deponie Schöneiche; das auf der Ackerfläche wachsende Sommergetreide hat zum Zeitpunkt der Aufnahme eine mittlere Höhe von 15 cm, Wachstumsausfälle (helle Flächen) lassen sich mit vorwiegend sandigen Bodensubstraten korrelieren; Straßenbäume (Ahorn) an der Ostflanke der Deponie zeigen deutlich von Nord nach Süd zunehmende Schäden (Aufnahme: WIB GmbH Berlin im Auftrag der BGR)

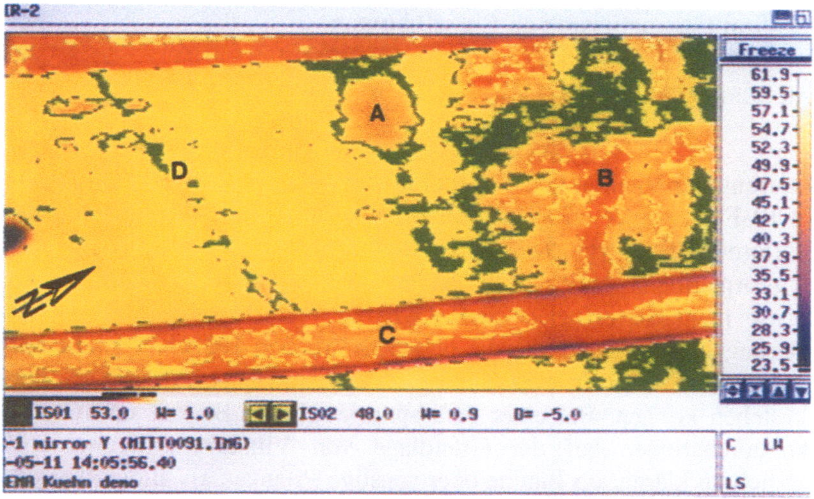

Abb. 6.21: Thermalaufnahme vom 11. Mai 1993, 13.05 MEZ (s. Markierung in *Abb. 6.20*); im Thermalbild sind sandige Bodensubstrate auf der Ackerfläche an den homogenen kälteren Zonen (*A*) erkennbar; die mehr fleckig texturierten, ebenfalls kälteren Zonen werden durch gerade aufgehendes Sommergetreide hervorgerufen (*B*); weitere auffällige Temperaturanomalien ergeben sich aus einem Umbruch des Oberbodens (*C*) und Störungen der natürlichen Bodenlagerung über einer Leitung (*D*); (grün/hellgrün: Markierung der Übergangsbereiche mit 53°- und 48°- Isothermen); (Aufnahme: F. Böker/F. Kühn, BGR)

Des weiteren fallen in *Abb. 6.20* zum Teil gravierende Schäden an einer Reihe von Ahornbäumen an der östlich der Deponiebegrenzung verlaufenden Straße auf. Auch ohne technische Hilfsmittel ist in Richtung des unteren Bildrandes die Zunahme von Schäden an den Baumkronen erkennbar.

Die Wechsel von sandigen und bindigen Bodensubstraten zeichnen sich auch in dem ca. 2 Monate vor dem CIR-Luftbild hergestellten Thermalbild nach (*Abb. 6.21*). Das die rote Farbe im Luftbild bestimmende Sommergetreide ging zum Zeitpunkt der Thermalbefliegung gerade erst auf. Auf dem Thermalbild der Mittagsbefliegung vom 11. Mai 1993 werden die sandigen Bereiche durch vergleichsweise tiefe Temperaturen charakterisiert. Dieser Effekt kann durch eine verhältnismäßig geringe Absorption der einfallenden Sonnenstrahlung bei gleichzeitiger intensiverer Reflexion an den hellen Sanden erklärt werden. Die ebenfalls "kalt", jedoch mehr fleckig erscheinenden Bereiche mit gerade aufgehendem jungen Sommergetreide unterstreichen die Notwendigkeit begleitender Groundchecks.

6.3.2.3.2 Vitalitätskartierung an Einzelbäumen

DIETMAR SCHMIDT

Zur Kartierung der Vitalität von Vegetation wurden CIR-Luftbilder ausgewertet. Da CIR-Filme außer im sichtbaren Bereich auch im Spektralbereich des nahen Infrarot (NIR-I, vgl. *Tabelle 2.1* und Kap. 3.2.1) sensibilisiert sind, werden Informationen zu Pflanzenschäden sichtbar, die vom menschlichen Auge sonst nicht zu erfassen sind. Dazu gehören Hinweise auf Vitalitätsminderungen der Vegetation, die neben natürlichen Ursachen im Bodensubstrat auch mit Altlasten oder sonstigen Schadstoffeinwirkungen in Verbindung stehen können. Bei einer Erfassung möglicher Boden- und Grundwasserkontaminationen auf der Grundlage von Vitalitätskartierungen ist grundsätzlich zu klären, ob Bäume oder sonstige Pflanzen als Bioindikatoren mit dem Wurzelgeflecht im direkten oder über die Bodenluft im indirekten Kontakt mit der Kontamination stehen.

Bei der Beurteilung von Deponien in grundwassernahen Niederungsgebieten, wie es für den Raum Schöneiche zutrifft, bestehen günstige Bedingungen für die Auswertung von CIR-Aufnahmen. Hier ist ein Wurzelkontakt mit dem obersten Grundwasserleiter wahrscheinlich. Vitalitätsgeminderte Baumvegetation kann den Abfluß belasteter Wässer anzeigen. Hydrogeologisch-geochemische Untersuchungen können damit gezielter angesetzt werden.

Bei der Verwendung von CIR-Luftbildern zur Lokalisierung von Verdachtsflächen nach Pflanzenschäden ist ein Aufnahmezeitraum, beginnend in der zweiten Hälfte der Vegetationsperiode (Mitte Juli) bis Anfang September, anzustreben. In Abhängigkeit vom jährlichen Wetterverlauf sind Abweichungen von diesen Vorgaben möglich. Die optimalen Aufnahmemaßstäbe liegen zwischen 1:2 000 und 1:10 000.

Der genannte Aufnahmezeitraum gewährleistet einerseits, daß der Frühjahresaustrieb von Mai bis etwa Juni unberücksichtigt bleibt, da geringe bis mittlere Vitalitätsminderungen zu diesem Zeitpunkt kaum erkennbar sind, andererseits soll der phänologisch bedingte Chlorophyllabbau, der erfahrungsgemäß im September einsetzt, nicht mehr erfaßt werden. Bei Bildmaßstäben kleiner als 1:10 000 ist eine Vitalitätskartierung nur dann möglich, wenn eine homogene Waldfläche mit Bäumen gleicher Art und etwa gleichem Alter vorliegt. Die Baumvegetation ist durch ihre lange Lebensdauer und durch die Tiefenreichweite ihrer Wurzeln ein guter Indikator für viele Umweltbelastungen.

Wie im Kapitel 3.2.1 bereits erläutert, wird die auf dem CIR-Luftbild erkennbare Rotfärbung vitaler Vegetation durch die starke Reflexion der Strahlung im nahen Infrarot an der Gewebestruktur des Blattes verursacht. Kräftige rote Farben treten in der Regel nur bei Blattvegetation auf. Nadelbäume erscheinen dagegen mehr in einem dunkelgrün-roten Farbton (vgl. *Abb. 6.7/unten*). Chlorophyllabbau, der mit Veränderungen des Blattaufbaus verbunden ist, bewirkt eine geringere Reflexion in diesem Wellenlängenbereich, so daß die Blätter und Nadeln vitalitätsgeminderter Vegetation je nach Grad der Schädigung ihre Rotfärbung verlieren. Etwas abweichend von dieser grundsätzlichen Feststellung nimmt artspezifisch bei belasteten Eichen und Korbweiden eine Schwarzfärbung, bei Birken, Erlen und Bruchweiden eine Braunkomponente, bei Linden eine blaugrüne und bei Silberweiden eine weiße Färbung zu. Weiterhin sind Vitalitätsminderungen durch typische Verlichtungen der Kronen erkennbar. Mit der Anwendung beider Kriterien ist eine vier- bis fünfstufige Skala bei der visuellen Bewertung des Vitalitätsgrades möglich.

Vor Beginn der Kartierung des Vitalitätszustandes von Bäumen wird ein Interpretationsschlüssel zur Differenzierung unterschiedlicher Baumarten erarbeitet. Dies ist immer erforderlich, da sich die Baumarten untereinander auch durch Änderungen des roten Farbtones unterscheiden lassen. Die pauschale Zuordnung von Abweichungen in der Farbe der Blattvegetation zu Umweltschäden würde unweigerlich zu gravierenden Fehlinterpretationen führen. In der Praxis hat es sich bewährt, die Festlegung des Interpretationsschlüssels sofort nach erfolgter Befliegung unter Verwendung der CIR-Luftbilder im Gelände vorzunehmen. Damit können mögliche Fehler durch jahreszeitlich- und witterungsbedingte Änderungen der Vitalität ausgeschaltet werden. Für Jungbestände, deren Einzelkronen nicht erkennbar sind, werden zusätzlich flächige Merkmale aufgestellt.

Im Grundsatz ist die Ansprache der im Umfeld der Deponie Schöneiche vorkommenden wichtigsten Baumarten anhand folgender artenspezifischer Falschfarbendarstellung möglich:

Eiche	-	kräftiges Mittelrot,
Silberweide	-	silbriges Rot
Kiefer	-	Rotbraun.

Ein erfahrener Auswerter erkennt unterschiedliche Baumarten auch an ihrer Form, Internstruktur und Höhe der Baumkronen. Der Ahorn ist zum Beispiel an der Erstreckung seiner Äste, "igelförmig" nach außen, erkennbar, die Robinie besitzt eine "wattebauschähnliche" Krone mit "chaotisch" erscheinendem Verlauf der Äste und Hybrid-Schwarzpappeln haben eine hohe, lichte Krone (vgl. AFL - ARBEITSGRUPPE FORSTLICHER LUFTBILDINTERPRETEN, 1988).

Die *Abb. 6.22* zeigt einen Ausschnitt aus einem CIR-Luftbild vom 3. Juli 1993. Der Ausschnitt erfaßt das nördliche Vorfeld der Deponie Schöneiche mit mehreren Baumreihen, die hauptsächlich verlandete und noch bestehende Wassergräben flankieren. Bei den Bäumen handelt es sich vorwiegend um Weiden, Schwarzpappeln und Erlen. Die silbrig-roten Weiden in der von der Nordwest-Ecke der Deponie nach Nordosten verlaufenden Baumreihe fallen auch einem ungeübten Betrachter auf.

Bei den tiefrot erscheinenden Feldern nordwestlich der Deponie handelt es sich um dichtstehende Sonnenblumen. Die im Luftbild (*Abb. 6.16*) bzw. in der Thermalaufnahme (*Abb. 6.17*) erkennbare Naßstelle ist auf dem CIR-Luftbild auch an der Art der Vegetationsbedeckung zu erkennen. Das Ergebnis der Vitalitätskartierung an Einzelbäumen im Deponie-Umfeld ist in *Abb. 6.23* als Kartenausschnitt dargestellt. Die zuvor geäußerte Vermutung oberflächennaher Abflüsse kontaminierter Wässer in NNW-Richtung wird damit gestützt. Verstärkte Belastungen an einer Reihe von Schwarzpappeln östlich der Nordhalde gehen mit der vermuteten Einleitung von Deponiewässern über ein altes Drainagesystem konform. Gleichzeitig kann eine zusätzliche Beeinflussung des Vitalitätszustandes der Schwarzpappeln durch die benachbarte Müllverbrennungsanlage nicht ausgeschlossen werden.

Abb. 6.22: Nördliches Vorfeld der Deponie Schöneiche auf einem CIR-Luftbild vom 2 Juli 1993; unter dem inhomogenen Bewuchs unmittelbar nördlich der Deponie versteckt sich eine Altablagerung (Aufnahme: WIB GmbH Berlin Auftrag der BGR)

Abb. 6.23: Ausschnitt aus der Karte des Vitalitätszustandes der Bäume im unmittelbaren Umfeld der Deponie Schöneiche; Kartierungsmaßstab 1:5 000

6.3.3 Zusammenfassende Bewertung

Das Endergebnis der Beurteilung der Deponie Schöneiche nach Fernerkundungsdaten ist eine Karte im Maßstab von 1:10 000. Wesentliche Inhalte dieser Karte sind in einem abschließenden Groundcheck stichprobenartig überprüft worden. Es ist nicht auszuschließen und in der Regel auch normal, daß nach späteren Bohrungen und Beprobungen im Gelände Präzisierungen erforderlich werden. Eine Beschreibung des grundsätzlichen Zustandes und der Eigenschaften des Geländes als Grundlage für einen kostensparenden Ansatz weiterer Untersuchungen ist damit aber gegeben. Bohrprogramme, geophysikalische Messungen, geochemische und hydrogeologische Untersuchungen können unter Verwendung der nachfolgend erläuterten Karte effizient geplant und durchgeführt werden.

Ein wesentlicher Vorteil der Untersuchungsmethode besteht darin, daß nach punktueller Verifizierung der nach Fernerkundungsdaten erfaßten Merkmale Aussagen über stoffliche und strukturelle Eigenschaften des Geländes und ihre flächenhafte Verbreitung vorliegen. Die *Abb. 6.24* zeigt einen verkleinerten Ausschnitt aus der nach Fernerkundungsdaten erarbeiteten Karte. Dieser erfaßt die nördliche Hälfte der Deponie Schöneiche und Teile des nördlichen Vorfeldes und wird im Westen durch den Ostrand der Deponie Schöneicher Plan sowie im Osten und nach Norden etwa durch den Verlauf des Galluner Kanals begrenzt. In der Karte wird eine Darstellung aller Informationen vorgenommen, die in direktem Bezug zur Deponie stehen und für das Erkennen und die Bewertung von Belastungen für Boden und Grundwasser relevant sind.

Es fällt eine gute Übereinstimmung zwischen dem Vitalitätszustand der Bäume und den Flächen auf, für die ein Verdacht auf Schadstoffbelastungen außer von CIR-Luftbildern auch von anderen Daten abgeleitet werden konnte. Eine mögliche subjektive Komponente wurde damit ausgeschaltet, daß dem Autor der Vitalitätskartierung alle anderen Auswerteergebnisse erst nach Abschluß seiner Arbeiten zur Kenntnis gegeben wurden.

Ein auffälliger Bereich besteht oberhalb des nördlichen Deponierandes. Hier wurden Anzeichen für eine Altablagerung (inzwischen durch Bohrung und Schurf bestätigt), flächenhafte Entlastungen aus dem obersten unbedeckten Grundwasserleiter und eine Anhäufung von Schäden an Weiden festgestellt. Wie in Verbindung mit der Erläuterung der *Abbildungen 6.16* und *6.17* erwähnt, konnten hier auch erhöhte Leitfähigkeitswerte im obersten Grundwasserleiter gemessen werden. Inwieweit gelöste Schadstoffe aus der der Deponie vorgelagerten Altablagerung daran beteiligt sind, muß durch hydrochemische Analysen geklärt werden.

Abb. 6.24 (gegenüberliegende Seite): Ausschnitt aus der Karte der Interpretation von Fernerkundungsdaten für den Standort der Deponie Schöneiche (vereinfacht und generalisiert)

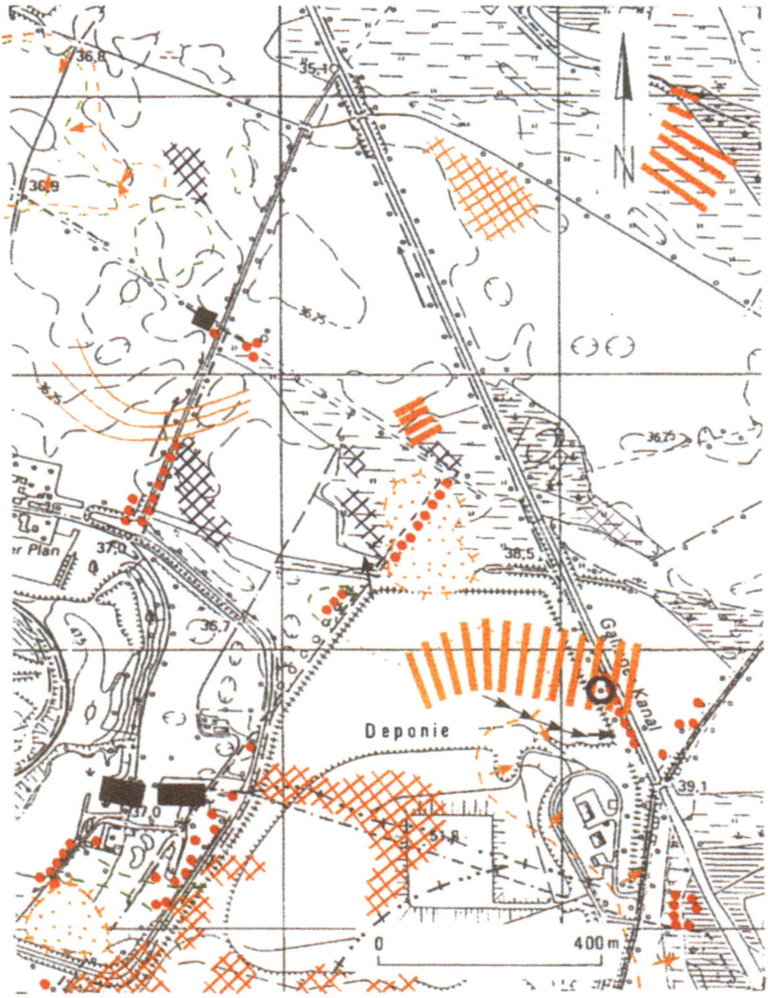

Legende

Topographie aus TK 1:10.000, Ausgabe 1982

- Auffüllung, Altablagerung
- Bodensubstrat mit gering wasserstauenden Eigenschaften
- Übergangsbereich von überwiegend wasserstauenden zu überwiegend wasserdurchlässigen Böden
- Grautonanomalie
- Altstandort
- vermutete natürliche Drainage
- relativ stark geschädigte Bäume
- Naßstelle
- ehemalige Entwässerungsgräben
- auffällige Wassertrübung
- oberflächennaher Wasserabfluß
- vermutetes altes Drainagesystem
- Achse flacher Mulden

Für das Deponieauflager wurden die Abschnitte gekennzeichnet, an denen überwiegend sandige Bodensubstrate zu erwarten sind. Hier ist eine schnelle Versickerung der die Deponie durchdringenden Niederschlagswässer in den obersten Grundwasserleiter wahrscheinlich. Das gleiche gilt für das vermutete alte Entwässerungssystem, über das ein gerichteter Abfluß von Deponiewässern ebenfalls nicht auszuschließen ist. Weitere Inhalte der Karte sind im Abbildungstext und in der Legende erklärt.

Die Auswertung und Interpretation der Thermalbilder, die mit einem vergleichsweise hohen Aufwand an Zeit erfolgten, erbrachten für den Deponiekörper selbst lediglich ergänzende Angaben. Für die Lokalisierbarkeit von Wärmequellen im Deponieinneren ist die Höhe der Temperaturen sowie die Art und Mächtigkeit der Abdeckungen entscheidend. Unter den Bedingungen "normaler" Hausmülldeponien ist es im allgemeinen schwierig, Wärmequellen im Deponieinneren zu erfassen.

Bei Deponien und Halden, in denen Prozesse mit intensiverer Wärmeentwicklung im Deponieinneren ablaufen bzw. Wärmequellen unter geringermächtigen Abdeckungen existieren, ist die Effizienz der Thermalfernerkundung völlig anders zu bewerten. So ist in dem beschriebenen Anwendungsbeispiel mit oxidierenden pyrit- und kohlenstoffhaltigen Ablagerungen im Inneren einer Bergehalde die Thermalfernerkundung das einzige Verfahren, das die Oxidationsherde auch unter einer mehrere Meter mächtigen Bedeckung mit hoher Aussagesicherheit schnell und flächenhaft lokalisieren kann (*Abb. 4.4*).

Als Verallgemeinerung und Empfehlung für eine effiziente Anwendung der Thermalfernerkundung bei der Untersuchung von vergleichbaren Deponien wird vorgeschlagen, daß erst dann über den Einsatz der Thermalfernerkundung entschieden werden sollte, wenn die vorangehende Auswertung und Interpretation von Luftbildern entsprechende Ansatzpunkte liefert. Eine vorausgehende Analyse der für die optimale Nutzung von Thermalbildern notwendigen Bedingungen wird in jedem Fall als erforderlich angesehen. Die pauschale Einbeziehung der Thermalfernerkundung in jede Deponieuntersuchung ist erfahrungsgemäß nicht sinnvoll und kann zu unbefriedigenden Ergebnissen führen.

Sehr gute Ergebnisse konnten mit dem Einsatz der Thermalfernerkundung auch bei der Lokalisierung von Altablagerungen unter Ackerflächen, Naßstellen, flächenhaften Grundwasserentlastungen und wasserdurchlässigen Böden im Umfeld der Deponien Schöneiche und Schöneicher Plan erzielt werden (vgl. *Abb. 4.15* und *6.19*).

6.4 Deponie Hermsdorf

6.4.1 Einführung zur multitemporalen Luftbild- und Kartenauswertung

HEINZ ROSEMANN

Unter den verschiedenen Ansätzen zur Erfassung von Altablagerungen und Altstandorten hat sich in der Praxis das Verfahren der multitemporalen Luftbild- und Kartenauswertung als effektiv und zuverlässig erwiesen (vgl. DODT et al 1987). Die wesentlichen methodischen Schritte und die Aussagefähigkeit des Verfahrens werden im Abschnitt 6.4.2 am Beispiel einer Altdeponie bei Hermsdorf in Thüringen erläutert. Der Objektanalyse werden nachfolgend die Grundlagen zur Erfassung altlastverdächtiger Flächen mit der multitemporalen Luftbild- und Kartenauswertung vorangestellt.

In der Bundesrepublik Deutschland besteht eine weitgehende Übereinstimmung hinsichtlich des fachlichen Konzeptes für den Entscheidungs- und Handlungsprozeß im Umgang mit Altlasten (SONDERGUTACHTEN ALTLASTEN 1989). Aus Kosten- und Zeitgründen empfiehlt sich ein stufenweises Vorgehen mit nachstehenden Arbeitsphasen, wobei beim Abschluß jeder einzelnen Phase zu prüfen ist, ob die jeweils nachfolgende noch erforderlich ist:

- Erfassung und Erstbewertung,
- orientierende Untersuchung,
- Detailphase, Gefährdungsabschätzung,
- Festlegung von Nutzungs- und Sanierungszielen,
- Sicherung, Sanierung,
- Erfolgskontrolle, Überwachung.

Die Erfassung von Altablagerungen und Altlastverdachtsflächen ist somit der grundlegende Arbeitsschritt zur Bewältigung des Aufgabenkomplexes Altlasten. Unter Erfassung wird die Durchführung von Erhebungen nach einheitlichen Gesichtspunkten verstanden. Das Untersuchungsergebnis liefert die Voraussetzung für eine zielgerichtete, sachgerechte und damit kosteneffektive Vorgehensweise bei der weiteren Bearbeitung von Altlastverdachtsflächen sowie auch für die Bearbeitung einzelner Teilflächen. Derartige Untersuchungen werden in allen Bundesländern durchgeführt. Ersterhebungen begannen schon in den sechziger Jahren.

Auf Grund des historischen Ansatzes und der flächendeckenden Arbeitsweise kommt der multitemporalen Luftbild- und Kartenauswertung eine besondere Bedeutung bei der systematischen Erfassung altlastverdächtiger Flächen zu. Die vergleichende Auswertung der für den jeweiligen Einzelfall verfügbaren Luftbilder, Karten und Standortakten in zeitlicher Reihenfolge besitzt eine Reihe von Vorteilen. So ermöglicht das Luftbild als einziger "objektiver Zeitzeuge" eine topographisch exakte Wiedergabe des Flächennutzungsgefüges und damit eine Rekonstruktion sämtlicher zum Aufnahmezeitpunkt sichtbaren Objekte. Allein anhand von Luftbildern können in Archiven recherchierte Sachverhalte überprüft, vervollständigt und topographisch korrekt zugeordnet werden (BORRIES & HÜTTL, 1991). Als häufig einzige Informationsquelle liefern Luftbilder Angaben zu Altablagerungen sowie rüstungs- und kriegsbedingten altlastverdächtigen Flächen.

Ein Nachteil der Luftbilder besteht in dem verhältnismäßig späten erstmaligen Aufnahmezeitpunkt der Luftaufnahmen (STRÄHLE, 1919). Erste systematische Unterlagen stehen mit den Reichsluftbildkarten 1:25 000 ab den dreißiger Jahren zur Verfügung (vgl. Abschn. 3.2.1). Demgegenüber stellt das amtliche Kartenwerk der TK 25 eine Informationsquelle dar, die bis in das vorige Jahrhundert zurückgeht. Es liefert für eine Groborientierung, sowohl zu Altstandorten als auch indirekt zu Altablagerungen, Informationen in Form von Schriftzusätzen und topographischen Zeichen bzw. deren Änderungen.

Nach Art der Aufgabenstellung unterscheiden DODT et al. (1987) zwischen der systematischen Erfassung aller Verdachtsflächen eines vorgegebenen Gebietes und der Objektanalyse. Die Objektanalyse trägt Erkundungscharakter, da sie über eine bereits bekannte Verdachtsfläche zusätzliche Informationen liefern soll. Dabei sollen die Entstehung der Altlast, die potentiellen Verunreinigungsherde und die erkennbaren Kontaminationspfade angesprochen werden.

Aufgabenstellung und Vorgehensweise

Die Existenz von Altablagerungen und mitunter auch von Altstandorten wurde in der Vergangenheit häufig durch Zufall bzw. erst nachträglich durch das Auftreten von Umweltschäden festgestellt. Demgegenüber besteht die **Aufgabenstellung für eine Altlastverdachtsflächen-Erfassung** darin, systematisch alle Geländeflächen zu erfassen, auf denen unter Zurückführung auf vielfältige Ursachen eine Belastung des Bodens und Grundwassers durch umweltgefährdende Stoffe möglich ist (Produktion, Lagerung, Einsatz, Unfälle, Havarien, Kriegsschäden, Entsorgung). Die altlastrelevanten Wirtschaftszweige sind näher in der LAGA-INFORMATIONSSCHRIFT ALTABLAGERUNGEN UND ALTLASTEN (1990) bzw. im Branchenverzeichnis für altlastverdächtige Altstandorte der zuständigen Landesbehörden bestimmt (z.B. BREMER et al., 1992). Die Abfallarten mit Schlüsselnummern sind im LAGA-ABFALLARTENKATALOG (1991) definiert. Bei Altstandorten ist in der Regel eine Zuordnung von Schadstoffen zu Branchen möglich (DANIEL et al., 1990), auch wenn keineswegs sicher ist, daß alle für eine Branche angeführten Schadstoffe angetroffen werden. Das Auftreten weiterer Schadstoffe ist ebenfalls nicht auszuschließen.

Zum Aufbau einer einheitlichen Datenbasis bestehen folgende **Erfassungsziele** (vgl. BAUER & HAAS, 1992):

- Lokalisierung aller altlastverdächtigen Altablagerungen und Altstandorte nach ihrer Lage und räumlichen Ausdehnung und deren topographischen Darstellung und Beschreibung,
- Materialsammlung für jeden einzelnen Fall, d.h. die Zusammenführung, Aufbereitung und Dokumentation von Daten, Erkenntnissen, Aufzeichnungen, die bei Verwaltungsstellen, Betreibern, Eigentümern und anderswo vorliegen und deren Eintragung in den Datenerfassungsbeleg,
- Fortschreibung der Materialsammlung im Verlauf der weiteren Bearbeitung der einzelnen Altlastverdachtsflächen sowie Ersterfassung bisher nicht registrierter Altlastverdachtsflächen,
- Führung eines Katasters auf Dauer für alle Planungen und Vorhaben.

Neben der Führung eines Katasters ist eine kartographische Dokumentation aller altlastverdächtigen Flächen vorteilhaft. Den Darstellungsmaßstab wählt man in Abhängigkeit von der Aufgabenstellung. Für eine systematische, flächendeckende Erfassung aller altlastverdächtigen Flächen eines Gebietes (Inventarisierung) werden Maßstäbe von 1:50 000 bis 1:10 000 verwendet, für Detailanalysen von Einzelstandorten entsprechend größere (bis ca. 1:1 000).

Die zu erhebenden Daten, Tatsachen und Erkenntnisse über altlastverdächtige Ablagerungen und Altstandorte sind im Kriterienkatalog "Erfassung" (LAGA-INFORMATIONSSCHRIFT ALTABLAGERUNGEN UND ALTLASTEN 1990) angeführt. Sie sind Bestandteil von Datenerfassungsbögen und beinhalten allgemeine Angaben über den Standort, Angaben zum Stoffinventar, zu Standort- und Umgebungskriterien, Vorkommnissen und Maßnahmen. Der Erfassungsbeleg ist primär auf die Anforderungen der staatlichen Verwaltungen ausgelegt und nicht geeignet, sämtliche Unterlagen einer Einzelfallakte wie zum Beispiel Gutachten, Analyseergebnisse, behördliche Zulassungen und Auflagen aufzunehmen. Er ist jedoch geeignet, Angaben über zusätzliche Unterlagen und deren Fundstellen abzulegen.

Das nach einheitlichen Gesichtspunkten zusammengefaßte Datenmaterial ist die Grundlage einer formalen, rechnergestützten Gefährdungsabschätzung, der **Erstbewertung**. Anhand eines Bewertungsschlüssels wird durch Verknüpfung von Abfallkriterien, Branchenzuordnung, Grundwassertransport- und Standortkriterien eine Bewertungszahl ermittelt, die als erste Groborientierung in Richtung einer Prioritätenbildung angesehen wird. Dabei sollte Klarheit über die zum Teil beträchtlichen Unsicherheiten dieser Groborientierung bestehen. Diese Feststellung gilt auch für eine Anzahl von Listen, deren

Richt- und Grenzwerte für bestimmte Stoffe als Entscheidungshilfen herangezogen werden. Sie sind ebenfalls nur unter Vorbehalt anwendbar, da sie für begrenzte Gebiete unter bestimmten Randbedingungen konzipiert wurden (WEBER & NEUMAIER, 1993).

Informationsquellen

Zur Ermittlung von altlastverdächtigen Flächen können verschiedene Informationsquellen genutzt werden. Optimale Ergebnisse hinsichtlich des Datenumfanges und der Zuverlässigkeit der ermittelten Daten liefert jedoch nur eine kombinierte Analyse aller Informationsquellen einschließlich eines Datenabgleiches. Die Qualität der Ergebnisse einer Bestandsaufnahme hängt unter anderem von der Zeitsequenz der in die Analyse einbezogenen Luftbilder und Karten, der Ergiebigkeit der anderen Informationsquellen (Standortakten), der eingesetzten Auswertetechnik und der Erfahrung des Luftbildinterpreten ab.

Luftbilder:

Luftbilder zeichnen sich durch die Wiedergabe einer Vielzahl von Details aus. Sie bieten dadurch in Ergänzung zu Archivunterlagen und topographischen Karten vergleichsweise vollständige Informationen als Momentaufnahmen. Ihre multitemporale, stereoskopische Auswertung ermöglicht die Dokumentation der räumlichen Entwicklung eines Gebietes, in der Regel ab den vierziger Jahren bis in die Gegenwart. Diese Art der Dokumentation besitzt besondere Bedeutung für die Objekte, die in topographischen Unterlagen und Akten nicht erfaßt sind, beispielsweise Altablagerungen außerhalb von Betriebsgeländen oder Altstandorte, die aus Gründen der Geheimhaltung nicht oder bewußt falsch dargestellt wurden.

Luftbilder werden auch zur Ergänzung von speziellen kartographischen Unterlagen und Betriebsplänen verwendet. Sie können damit Auskünfte über Ablagerungen auf Betriebsgeländen, die Art, das Ausmaß und mögliche Auswirkungen von Kriegsschäden geben (vgl. *Abb. 3.7*).

Da im Unterschied zu den Kartenwerken und Akten im Luftbild Sachverhalte weder kodiert noch erläutert sind, setzt ihre Auswertung die Kenntnis der objekttypischen Einzelheiten und deren Abbildungsmerkmale voraus. Ein erfahrener Interpretator kann neben einer bis ins Detail gehenden Lokalisierung häufig aus der Einbindung der Teilobjekte und vor allem aus der Kenntnis spezifischer Einzelheiten eine begründete Funktionszuweisung der kartierten Objekte vornehmen.

Die Erfahrungen haben gezeigt, daß die zusätzliche Erkenntnis aus Luftbildern, insbesondere auch hinsichtlich der Überprüfbarkeit und Vollständigkeit der aus anderen Daten erfaßten potentiellen Kontaminationsherde, unerläßlich ist (HOLZFÖRSTER & TIEDEMANN, 1991).

Topographische Karten:

Die Auswertung von topographischen Karten, Betriebsplänen, historischen Stadtplänen und Katasterblättern bildet oft die einzige Grundlage für eine geographische Zuordnung von Altstandorten, die zu einem Zeitpunkt entstanden, als Luftbildbefliegungen noch nicht erfolgten. Sie ist methodisch wie technisch relativ problemlos. Zur Erfassung von Altablagerungen sind in Kartenfortführungen entsprechende Elemente wie lokale Hohlformen, Gewässer usw. auf deren Änderungen hin zu vergleichen. Dabei ist die Kenntnis über Art und Umfang von Kartenfortführungen notwendig (DODT et al., 1987). Man unterscheidet zwischen redaktionellen Änderungen (Namensänderungen), Nachträgen (Verkehrswege, Siedlungen usw.) und Berichtigungen, die den gesamten Blattinhalt einbeziehen. Anhand der ermittelten Lage potentieller Altlasten und der zeitlichen Eingrenzung ihrer Entstehung sind Rückschlüsse auf potentielle Schadstoffe im Boden möglich.

Archivunterlagen:

Die Analyse von Archivunterlagen ist häufig eine Möglichkeit, für kartierte Objekte eine Funktionszuweisung vornehmen zu können. Es lassen sich Angaben zu kontaminationsverdächtigen Nutzungen entnehmen. Als effizient wird die Auswertung der Akten in den Bauordnungsämtern und Stadtarchiven bewertet (KRISCHOK-PEPPERNICK 1990). Dabei ist zu beachten, daß häufig nur Unterlagen über genehmigungspflichtige Anlagen gegenüber den Aufsichtsbehörden archiviert und Altablagerungen in der Regel nicht dokumentiert wurden.

Aus Adreß-, Branchen- und Telefonbüchern lassen sich die Anschriften ehemaliger Firmen ermitteln. Es geht jedoch nicht immer eindeutig aus ihnen hervor, ob es sich um Produktionsstandorte oder nur um Büro- bzw. Wohnsitzadressen handelt.

Bürgerbefragungen:

Die Nutzung der bei zahlreichen Personen vorhandenen Sachkenntnis kann wesentliche Hinweise zum Umgang mit potentiell gefährdeten Stoffen und Produkten sowie Informationen zu umweltrelevanten Unglücksfällen liefern. Zu diesem Zweck sind Mitarbeiter von Behörden und ehemaligen Firmen, Heimatpfleger, Zeitzeugen und Anwohner zu befragen. Da derartige Angaben stärker subjektiv geprägt sein können, sind insbesondere diese Hinweise sorgfältig mit den Aussagen anderer Informationsquellen abzugleichen bzw. durch weitere Recherchen zu belegen. Das Stoffinventar rezenter, illegaler Ablagerungen ist weitestgehend durch Ortsbesichtigungen zu klären.

6.4.2 Multitemporale Luftbild- und Kartenauswertung am Beispiel der Deponie Hermsdorf

BENJAMIN BARTSCH, BJÖRN GLOWINSKI, ULF GORGAS, JAN IRREK UND CHRISTIAN SCHULZ

6.4.2.1 Zum Deponiestandort Hermsdorf

Die mit der Methode der multitemporalen Luftbild- und Kartenauswertung untersuchte Deponie befindet sich im Osten des Autobahnkreuzes Hermsdorf (*Abb. 6.25*). Es handelt sich hierbei um eine Altablagerung in freiem Gelände, weit außerhalb einer Betriebsfläche bzw. eines Altstandortes (BARTSCH et al., 1993).

Mit der Deponie Hermsdorf wird kein "ausgesuchter" Teststandort vorgestellt. Er steht mehr für den normalen aber oft komplizierteren Fall mit zum Teil relativ lückenhaften und qualitativ nicht immer zufriedenstellenden Luftbildvorlagen. Es werden die wesentlichen methodischen Schritte und die Aussagefähigkeit einer multitemporalen Luftbild- und Kartenauswertung bei der Untersuchung einer Altdeponie dargestellt und diskutiert.

Abb. 6.25: Ausschnitt aus einer topographischen Karte 1:25 000 mit Lage des Untersuchungsgebiets (Blatt 5137 Münchenbernsdorf, Ausgabe 1993)

6.4.2.2 Kartierungs- und Bewertungskriterien

Die Deponie Hermsdorf repräsentiert den häufigsten Deponietyp, die Vor-Kopf-Schüttung, welche gleichzeitig die meisten Probleme mit sich bringt. Dieser Typ, der auch als offene Deponie bezeichnet wird, fördert wegen seiner hohlraumreichen unverdichteten Ablagerungen den raschen Durchtritt des Sickerwassers zur Basis und stellt damit eine potentielle Gefährdung des Grundwassers dar (KNEIB, 1990). Darüber hinaus können Geruch und Rauch als Folge unkontrollierter Schwelbrände sowie Staub und Papierflug zu einer Belastung der Umgebung führen.

Gleichzeitig ist dieser Deponietyp an bestimmte Formen des Reliefs gebunden. So werden von den Vor-Kopf-Schüttungen ca. 61% der Deponien in Gruben, 34% in Tälern oder an Hängen und nur 5% in Haldenform angelegt (KNEIB 1990). Die Verfüllung von Hohlformen ist damit ein wesentliches Merkmal dieses Deponietyps.

Im Unterschied zu betrieblichen **Verfüllungen** treten im ländlichen Raum neben natürlichen Hohlformen wie Talformen und Mulden, Hohlformen anthropogenen Ursprungs auf, die auf Ablagerungsvorgänge hin zu untersuchen sind. Generell sind diese Verfüllungen in Luftbildern und Karten ebenfalls in indirekter Weise über den zeitlichen Vergleich zu erfassen. Für die Identifizierung in Karten gelten die im nachfolgenden Absatz für Aufschüttungen genannten Kriterien. In Luftbildern lassen sich Talzüge, Mulden und wassergefüllte Hohlformen wie auch anthropogene Hohlformen (Gruben etc.) direkt durch das dreidimensionale Geländemodell bei stereoskopisch auswertbaren Aufnahmen identifizieren. Ebenso können durch die Luftbildauswertung einzelne Vertiefungen und Abgrabungsbereiche innerhalb einer Hohlform differenziert werden. In Ausnahmefälle lassen sich über Geländeschatten Hohlformen vermuten. Stereoskopisch auswertbaren Reihenmeßbildern und Bildplänen können indirekte Hinweise zum Abbaumaterial von Gruben durch Helligkeitsunterschiede des Grautons bzw. der Farbe entnommen werden. So unterscheiden sich Sandgruben von Lehmgruben durch einen helleren Grauton. Auf Color-Luftbildern weisen Lehmgruben im allgemeinen eine rötlich/braune Farbgebung auf.

Für **Aufschüttungen** von Ablagerungen sind Vollformen ein typisches Merkmal. Diese lassen sich in Karten über Höhenlinien, Keilschraffen, Signaturen, Symbolzeichen und Schriftzusätze identifizieren. Durch die in der Neuaufnahme der Kartenwerke gegen Ende des letzten Jahrhunderts eingeführte Wiedergabe des Geländes mit Höhenlinien ergibt sich die Möglichkeit, Aufschüttungen über deren Verlauf, Ausdehnung und Lage zu erfassen. So ist es zum Beispiel möglich, in Abhängigkeit vom Relieftyp und dem Ausmaß der Generalisierung eine künstliche Aufschüttung von einer natürlichen Vollform durch einen gleichmäßigeren Höhenlinienverlauf und eine regelmäßigere Hangform zu unterscheiden. Eine nähere Kennzeichnung nach der Art der Aufschüttung und nach der Materialbeschaffenheit ist nach BORRIES (1992) nicht durchführbar. Einschränkungen in der Identifizierung ergeben sich zudem durch den Kartenmaßstab, der eine vollständige Wiedergabe von Aufschüttungen erst ab einer Mindestgröße und -höhe gewährleistet, die in Abhängigkeit von der Kartiergenauigkeit bei ca. 5 x 5 m bzw. 10 x 10 m, einer Mindestflächengröße von ca. 25 - 100 m^2 und einer Mindesthöhe von 1 m liegt. Erschwerend kommt hinzu, daß die Höhenliniendarstellungen nicht immer dem aktuellen Stand entsprechen und nur unvollständig im Zuge von Arbeiten zur Kartenfortführung berichtigt sind. Damit wurden niedrige und kurzlebige Aufschüttungen nicht oder nur unvollständig dokumentiert.

Wesentlich differenzierter lassen sich Aufschüttungen im ländlichen Raum durch das Luftbild erfassen. Sowohl in Luftbildplänen als auch in stereoskopisch auswertbaren Reihenmeßbildern fallen Aufschüttungen, die sich in der Ablagerungsphase bzw. unmittelbar danach befinden, durch fehlenden Bewuchs auf und sind daher direkt zu identifizieren. Durch ihren Grauton (hellgrau bis weiß mit vereinzelten mittelgrauen Flächen) und ihre Textur (fleckig, verwaschen, heterogen) heben sie sich deutlich von der Umgebung ab. Zusätzlich können in stereoskopisch auswertbaren Reihenmeßbildern der Aufbau und die Hangform zur Identifizierung herangezogen werden, wobei für ungeordnete Ablagerungen das Fehlen eines terrassenartigen oder kegelartigen Aufbaues der Ablagerungen charakteristisch ist. Die Hangform und -neigung bildet auch dann noch ein Unterscheidungsmerkmal zwischen natürlichen Böschungen und anthropogenen Aufschüttungen, wenn bei anthropogenen Aufschüttungen die Phase der Ablagerungen beendet und eine erste Folgenutzung festzustellen ist. In einigen Fällen lassen sich auch in den zweidimensional verebneten Abbildungen der Luftbildpläne Geländekanten durch Schlagschatten identifizieren.

Ein weiteres Merkmal zur Unterscheidung von anthropogenen Aufschüttungen und natürlichen Böschungen ist der Bewuchs, der sich bei künstlichen Ablagerungen in der Regel von den Rändern zur Mitte hin ausbreitet. Auch Jahre später sind Auffüllungen oft noch an anomalen Bewuchsmerkmalen zu erkennen.

Zum Ablagerungsmaterial selbst finden sich dagegen direkte Hinweise auch im Luftbild nur in Ausnahmefällen. Vereinzelt ist es möglich, in stereoskopisch auswertbaren Reihenmeßbildern bei guter Bildqualität größere Einzelobjekte zu erkennen. Darüber hinaus sind heterogene Strukturen der Ablagerungsflächen und Schüttbereiche, wie sie für Haus- und Sperrmüllablagerung typisch sind, von homogenen Ablagerungen zu unterscheiden. Letztere deuten auf lockeres Material einheitlicher Art hin. Als weiteres Kriterium kann der Böschungswinkel dienen, wobei HUBER & VOLK (1986) bei rolligen Erdstoffen Winkel zwischen 35° und 45° beobachteten, bei Sperrmüll und kantigem Bauschutt Neigungen von bis zu 60° und mehr. Diese Annahmen über das Verfüllungsmaterial konnten durch BARTSCH (1992) bestätigt werden.

Im Rahmen einer **Erfassung und Erstbewertung** von Altablagerungen kann man allein nach einer multitemporalen Luftbild- und Kartenanalyse mit hinreichender Sicherheit Standortkriterien ermitteln, Volumenklassen abschätzen und häufig Hinweise zum Stoffinventar ableiten. Wie BORRIES (1992) zeigte, sind in den Informationsquellen gewöhnlich keine direkten Hinweise auf Altlastverursacher zu finden, so daß sich das Schadstoffpotential nicht eindeutig definieren läßt. So bleibt nur die Möglichkeit, zu versuchen, auf indirektem Wege über die Lage, Verkehrsanbindungen zu Produktionsstätten der Region und durch Bürgerbefragungen weitergehende Hinweise und Angaben zum möglichen Stoffinventar einer Ablagerung zu erhalten. Oft befinden sich die zu untersuchenden Areale nicht in unmittelbarer Nähe zu Betriebsanlagen. Dennoch kann auch bei diesen Verdachtsflächen nicht ausgeschlossen werden, daß Produktionsreste und Abfallstoffe deponiert wurden. Die Ablagerung von industriespezifischen Rest- und Abfallstoffen ist in Betracht zu ziehen, wenn die Verdachtsflächen an Bahnlinien oder Straßen liegen.

Die Voraussetzung für eine Standortanalyse mit dem Verfahren der multitemporalen Luftbild- und Kartenanalyse ist, daß sich in den Archiven ausreichende Materialien zu Zeitschnitten finden lassen, die die repräsentative Nutzung eines Standortes und deren Veränderungen widerspiegeln. Sie sollen eine Interpretation der räumlichen und zeitlichen Verhältnisse des Objektes sowie einen Überblick über seine Einordnung in die Umgebung ermöglichen.

6.4.2.3 Bearbeitungsschema und Datengrundlage

Im Rahmen der Standortanalyse war differenziert und detailliert zwischen den verschiedenen Formen von Deponietätigkeiten, der Art und dem Ausmaß eventueller Kriegseinwirkungen und gegebenenfalls zeitweisen, industriegewerblichen kontaminationsverdächtigen Flächennutzungen zu unterscheiden. Die Verdachtsflächen wurden zweckmäßigerweise in einer Serie von **Analysekarten** erfaßt, welche in Form von Zeitschnitten als Momentaufnahmen die Lokalisation und den Entwicklungsstand dieser Areale zu diesem Zeitpunkt zeigen. Die Analysekarten wurden für die einzelnen Stadien der horizontalen Deponieerstreckung, der Flächennutzung sowie des topographischen Inhaltes (Bebauung, Wegenetz, Ver- und Entsorgungswege) erarbeitet und mit dem entsprechenden Ausschnitt des Kartenblattes abgeglichen.

Um funktionale Zusammenhänge zu erkennen, wurden die raumzeitlichen Entwicklungen in **Synthesekarten** als vergleichende Übersicht der Analysekarten dokumentiert. Des weiteren wurde versucht, aus den rekonstruierten Nutzungsgeschichten Hinweise auf standortspezifische Betriebsabläufe sowie branchentypische kontaminationsverdächtige Produktionsstoffe und -rückstände zu erhalten. Die Synthesekarten enthalten eine vergleichende Darstellung des Alters einzelner Deponieabschnitte oder Inhalte von Analysekarten. In einem Müllkörper ablaufende Prozesse wie Verrottung, organischer Abbau, Auswaschungen und Setzungen sind im besonderen Maße zeitabhängig. Aus diesem Grund wurde in *Synthesekarte I* die horizontale Deponieerstreckung als Zeitvergleich der einzelnen Zeitschnitte dargestellt (*Abb. 6.32*). Aufgrund des bekannten Aufnahmedatums der Luftbilder und des Herstellungsdatums der Karten war es möglich, den auskartierten Verfüllungsstadien ein Alter zuzuweisen, dessen Genauigkeit von der Frequenz der ermittelten Zeitschnitte abhängig ist. Damit kann zwischen schnellebigen und langlebigen Deponieteilen unterschieden werden. Da Gebäude und Schuppen auf einem Deponiegelände häufig zur Zwischenlagerung von grundwassergefährdenden Stoffen wie Kraft- und Schmierstoffen und toxischen Produktionsabfällen genutzt werden, wurden in der *Synthesekarte II* das Wegenetz sowie feste und mobile Betriebsanlagen dargestellt. Eine *Synthesekarte III* beschreibt Verdachtsflächen, für die Sofortmaßnahmen in Form von Beprobungen zu empfehlen sind (*Abb. 6.33*). Neben der Erfassung und Bewertung topographischer Geländemerkmale wurde versucht, objektspezifische Parameter wie Reflexionsverhalten, Böschungsmorphologie, Struktur und Textur des Müllkörpers zu erkennen und zu interpretieren (*Synthesekarte IV*).

Für die Untersuchung der Deponie Hermsdorf wurden vier historische Luftbildzeitschnitte und zehn historische Kartenzeitschnitte ausgewertet. Zur Sicherung der erforderlichen **Datengrundlage** erfolgten Recherchen in regionalen Archiven der neuen Bundesländer (Bundesarchiv, Abteilung Potsdam; Firmenarchive) sowie nationalen und internationalen Archiven (Bundesanstalt für Landeskunde und Raumordnung Bonn-Bad Godesberg, Staatsbibliothek Berlin, Luftbilddatenbank in Würzburg, Airphoto Library Keele/Großbritannien).

6.4.2.4 Untersuchungsergebnisse

6.4.2.4.1 Geschichte der Deponieentwicklung

Die Anlage der Deponie erfolgte als Vor-Kopf-Schüttung, durch Erweiterung bereits vorhandener Hohlformen, am Rand einer Hochfläche. Der Südbereich der Deponie folgt dem natürlichen Relief, der Nordbereich wurde durch Schaffung und spätere teilweise Wiederverfüllung einer künstlichen Hohlform gebildet (*Abb. 6.26*).

Die Deponie tritt in den topographischen Karten von 1873 bis 1928 nicht auf, so daß als Beginn der eigentlichen Deponieschüttung ein Zeitraum zwischen dem Kartenzeitschnitt 1928 und dem ersten Luftbildzeitschnitt 1938 liegt. Allerdings ist gemäß KNEIB (1990) davon auszugehen, daß die auf den Kartenzeitschnitten von 1908 bis 1928 erkennbaren kleineren Hohlformen bereits als Flächen für ungeordnete Ablagerungen genutzt wurden. Die folgende Deponieentwicklung läßt sich in zwei Hauptbetriebsabschnitte in den Zeiträumen 1938 bis ca. 1945 (geschätzt) und zwischen 1960 und 1970 (*Abb. 6.28*) sowie zwei Stillegungsabschnitte um 1950 (*Abb. 6.27*) und nach 1970 (*Abb. 6.29*) einteilen. Für den Standort der Deponie sind fünf Entwicklungsstufen anzugeben:

Stufe I der Deponieentwicklung (1906-1928):

Im ersten aussagekräftigen Zeitschnitt zur Deponiegeschichte, der topographischen Karte von 1908 (Fortführungsstand 1928), ist die Stufe I der Deponieentwicklung verzeichnet. Diese spiegelt den Ursprungszustand des Reliefs und die Hohlformen als Deponieausgangspunkt wider (*Abb. 6.26* und *6.30*).

In dieser Stufe treten zwei kleinere Hohlformen auf der Hochfläche auf, die bei geringer Tiefe eine Gesamtfläche von etwa 1 990 m^2 aufweisen. Zum Zeitpunkt der Aufnahme des Karteninhaltes ist ein regulärer Deponiebetrieb, wie er durch verschiedene Symbole, Gebäudesignaturen oder Schriftzusätze dargestellt würde, nicht zu verzeichnen. Die östliche, etwas größere Hohlform ist nach Osten offen, so daß zumindest bei dieser Hohlform von einer Nutzung als Ablagerungsort ungeordneter Abfälle ausgegangen werden kann. Eingeschränkt gilt dieses auch für die kleinere westliche Hohlform, die unmittelbar am Ende eines Feldweges liegt.

Stufe II der Deponieentwicklung (1929-1945):

Zu Beginn der Stufe II, die dem hier nicht abgebildeten Luftbildzeitschnitt von 1938 entspricht, wurde ausgehend von den beiden Hohlformen eine, die maximale Tiefenausdehnung der Deponie darstellende Hohlform ausgehoben. Vermutlich war der Grund für die Aushebung ein Kiesabbau, da im Luftbild von 1938 an der Basis der heutigen Deponie eine extrem helle und offene Fläche zu erkennen ist. Diese Hohlform zeigt nach Osten und Westen anfangs steile, später flach auslaufende Hänge, geht nach Norden in einen flachen Abhang über und ist nach Süden nach wie vor offen. Gleichzeitig scheinen weitere Hangbereiche des Tales teilweise abgetragen worden zu sein, ohne daß in diesen Bereichen eine Abfallschüttung erkennbar ist. Die Interpretierbarkeit der erkennbaren Gegebenheiten ist auf Grund der mangelhaften photographischen Qualität des Reichsluftbildplanes nur mit Einschränkungen gegeben.

Die laufende Nutzung von Hohlformen zum Kiesabbau geht erfahrungsgemäß mit ersten ungeordneten Ablagerungen von Abfall einher. An den flach auslaufenden östlichen und westlichen Hangbereichen bzw. ehemaligen Abbaukanten der Kiesgewinnung sind Anzeichen für Abfallschüttungen zu erkennen. Das vermutete Ablagerungsmaterial zeigt eine inhomogene Oberfläche und einen uneinheitlichen mittel- bis dunkelgrauen Grauton. Gleichzeitig sind Zufahrtswege und Fahrspuren zu den Abfallschüttungen zu erkennen, welche auf eine bereits länger andauernde Benutzung hinweisen. Die Schüttkante hat den ursprünglichen Rand der Hohlform verlassen und liegt bereits im ersten Drittel der Gesamtausdehnung der Hohlform.

Die topographische Karte von 1938 (Ausgabe 1908, Fortführungsstand 1938) zeigt auffälligerweise gegenüber dem Stand von 1928 keine Veränderung im Bereich der zu untersuchenden Flächen. Dies läßt vermuten, daß die Schüttung nach wie vor nicht als ordentliche Deponie anzusehen ist, da diese sonst Eingang in die kartographische Darstellung gefunden hätte.

Stufe III der Deponieentwicklung (1946 -1955):

Die Stufe III des Deponieausbaues wird im Luftbildzeitschnitt von 1953 wiedergegeben (*Abb. 6.27*). Die Deponie ist zu dieser Zeit außer Betrieb. Offene oder nur spärlich bewachsene Abfallkörper sind nicht zu erkennen. Bei stereoskopischer Betrachtung ist deutlich die zum Zeitschnitt 1938 angelegte Hohlform mit den anfangs steilen, später flach auslaufenden Ost- und Westhängen auszumachen. Die Umgebung des Deponiestandortes, die flachen Hänge und die abgedeckte Oberfläche der Deponie werden intensiv landwirtschaftlich genutzt. Die 1938 als Zufahrt dienende Straße quert den Deponiestandort ohne erkennbare Abzweigung, was nicht auf eine Restbefüllung hindeutet.

Im Ort Hermsdorf ist eine umfangreiche Industrieansiedlung mit flächigen ungeordneten Ablagerungen auf dem Betriebsgelände erkennbar. Kern dieser Industrieansiedlung ist ein keramisches Werk, dessen für die Deponie vermutlich bedeutsames Produktions- und Abfallspektrum im nachfolgenden Abschnitt erläutert wird.

Stufe IV der Deponieentwicklung (1956-1970):

Die Stufe IV der Deponieentwicklung stellt der Luftbildzeitschnitt 1966 dar. Hier ist die Deponie als bereits seit längerer Zeit in vollem Betrieb erkennbar (*Abb. 6.28*). Ausgehend von der westlichen Kante der Hohlform wurde ein Abfallkörper aufgeschüttet, der zum genannten Zeitpunkt an einigen Stellen bereits über das Niveau der Oberkante der Hohlform hinausgeht. Aus einem Vergleich der Luftbildzeitschnitte 1953 und 1966 geht hervor, daß die insgesamt als Deponie anzusehende Fläche größer ist, als die im Luftbild von 1966 erkennbare. So ist vor allem im Westen des ehemaligen Sandabbaus eine große Fläche als verfüllt zu erkennen, welche 1966 bereits wieder landwirtschaftlich genutzt wird.

Innerhalb der Stufe IV der Deponieentwicklung sind mehrere Phasen der Schüttung und verschiedene Abfallkörper abgrenzbar (vgl. *Abb. 6.31*). Die älteste Schüttung (Phase I) spiegelt gleichzeitig die maximale Flächenausdehnung des Deponiekörpers wider und ist an alten Schüttungskegeln vor allem im östlichen Bereich der Deponie sowie generell an dem sehr dunklen Grauton erkennbar. Dieser Grauton könnte auf einen Bewuchs der Fläche hindeuten. Denkbar wäre auch eine Zusammensetzung des Abfallkörpers überwiegend aus Hausmüll und organischen Materialien, welche häufig eine dunkle Tönung verursachen. Feste oder mobile Betriebsanlagen der Phase I sind nicht mehr erkennbar.

Die aktuelle Schüttungsphase (Phase II) hebt sich auf Grund ihres sehr hellen, fast weißen Grautones und der feinen Textur sehr deutlich von der vorhergehenden Phase ab. Die Zusammensetzung dieses Abfallkörpers muß auf Grund des Grautones fast ausschließlich aus hellen mineralischen Ablagerungen bestehen, welche flächig ausgebracht wurden.

Im Gegensatz zur Phase I sind zum Aufnahmezeitpunkt feste oder mobile Betriebsanlagen deutlich zu erkennen. Der Hauptanlieferungspfad für diese Deponiestufe verweist unter anderem auf die Straße aus Hermsdorf. Innerhalb Hermsdorfs kommt überwiegend das bereits genannte keramische Werk für Anlieferungen in Betracht, womit dessen gesamtes Produktions- und Abfallspektrum auf der Deponie zu vermuten ist. Dazu kommen wahrscheinlich Hausmüll- und Bauschuttanlieferungen aus Hermsdorf selbst. Weitere Informationen weisen auch auf Abfälle des ehemaligen VEB Jenapharm hin, die in dieser Phase ebenfalls auf der Deponie abgelagert und verbrannt worden sein sollen (WIESNER, 1991).

STUFE V der Deponieentwicklung (1971-1985):

Zum Zeitschnitt 1972, der Stufe V, ist die Deponie bereits außer Betrieb. Nahezu die gesamte Schüttungsfläche des Zeitschnittes 1966 ist verebnet und begrünt (*Abb. 6.29*). Die Hangkonturen sind gegenüber dem Zeitschnitt 1966 im wesentlichen gleich geblieben, so daß der Zeitschnitt 1966 die maximale Ausdehnung repräsentiert. Auf dem Abfallkörper und im Sohlenbereich lassen sich eindeutig mehr oder weniger stark vernäßte Bereiche ausmachen, die auf an der Sohle austretendes Deponie-Sickerwasser hinweisen. Die Anlage eines Gebäudes mit Zufahrt sowie grabenartige Strukturen deuten darauf hin, daß es sich hierbei möglicherweise um Sicherungs- und Sanierungsmaßnahmen handeln kann. Am unmittelbaren Südrand des Deponiekörpers ist nach wie vor eine Restbefüllung im Gange, die eine Erhöhung über das verebnete Deponieniveau zur Folge hat. Textur und Grauton deuten auf Haus- und Mischmüll hin.

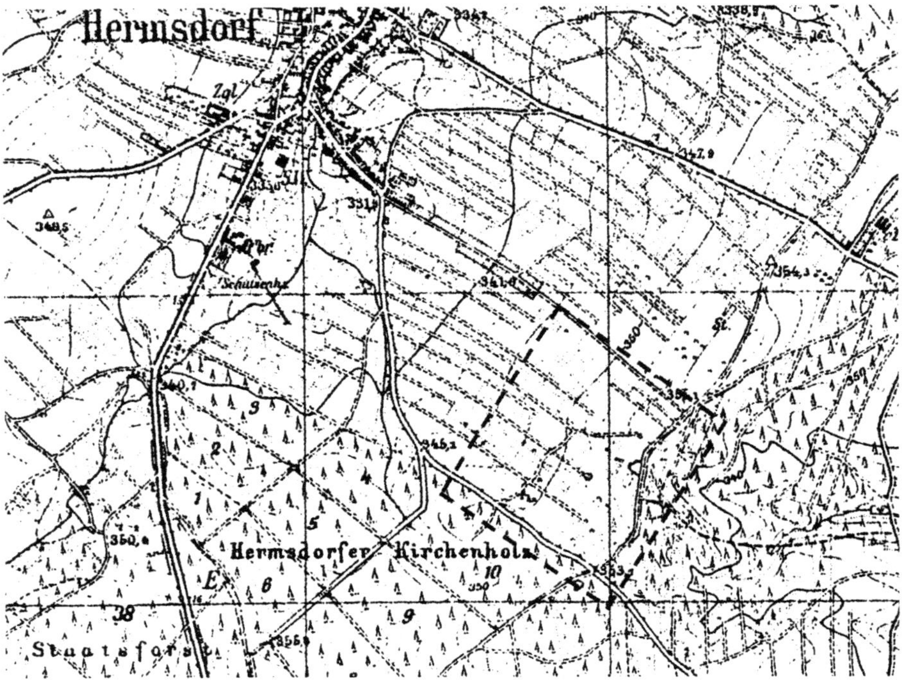

Abb. 6.26: Ausschnitt aus der topographischen Karte 1:25 000 von 1908, (Blatt 3001 Münchenbernsdorf, Nachträge 1928) mit Hinweisen auf Hohlformen, die vermutlich auf alte Kies- und Sandgruben zurückzuführen sind (späteres Kippengelände gekennzeichnet)

Abb. 6.27: Luftbild vom 26. Mai 1953 mit Merkmalen einer alten Auffüllung innerhalb der gekennzeichneten Fläche (Quelle: uve GmbH Berlin)

Abb. 6.28: Luftbild vom 10. September 1966 mit sicher erkennbaren Anzeichen für eine Nutzung der Deponie (Quelle: Bundesarchiv, Abteilung Potsdam)

Abb. 6.29: Das Luftbild vom 19. März 1972 weist auf eine Einstellung des Deponiebetriebes hin; erkennbare Restaktivitäten stehen vermutlich mit Sicherungsarbeiten in Verbindung; eine dunkle Stelle am oberen Deponierand steht vermutlich mit dem Austritt von Sickerwässern in Verbindung (*Pfeil*); (Quelle: Bundesarchiv, Abteilung Potsdam)

Abb. 6.30: Analysekarte 1906, Grundlage topographische Karte 1906 (vereinfacht)

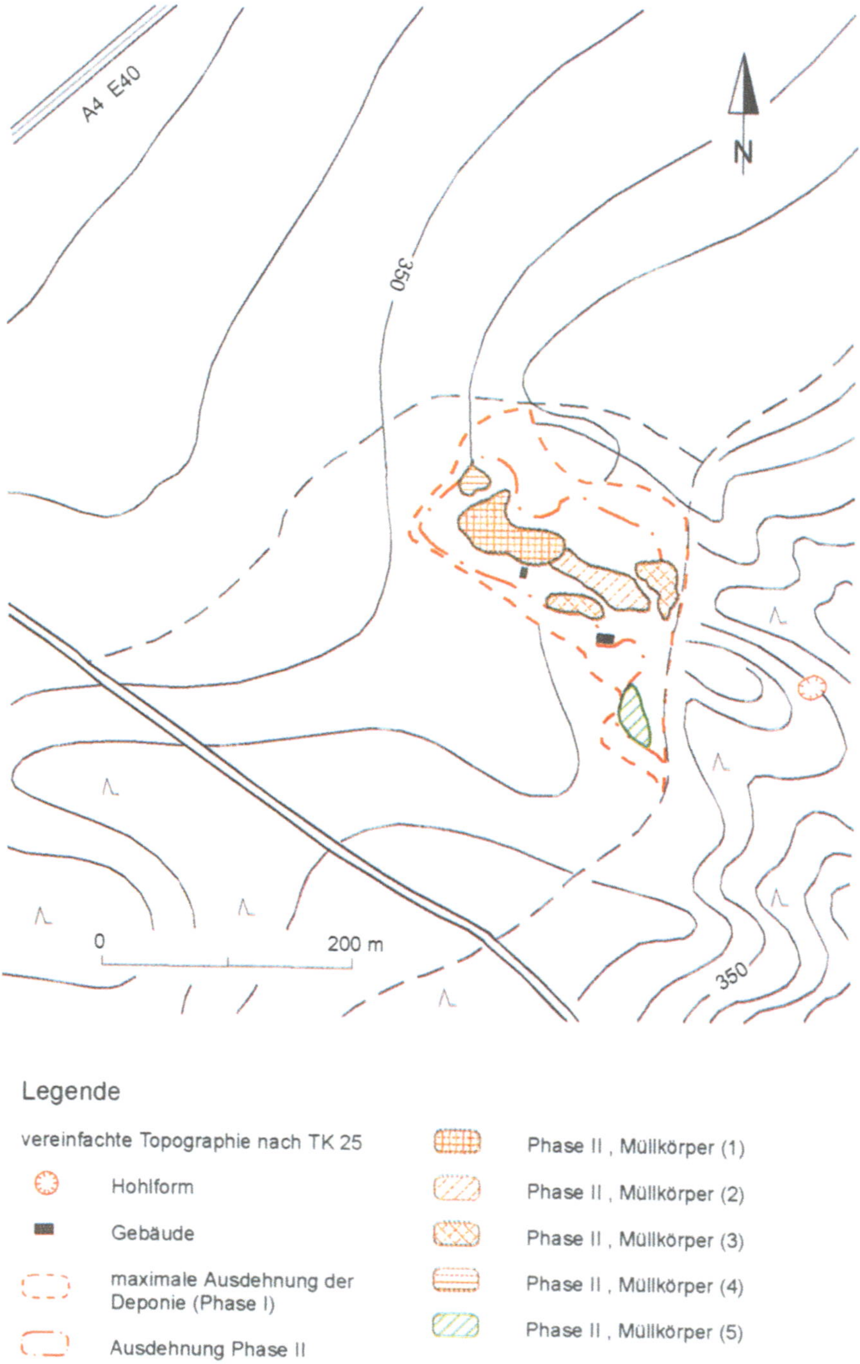

Abb. 6.31: Analysekarte 1966, Grundlage Luftbild 1966 (vereinfacht)

6.4.2.4.2 Potentielles Stoffinventar

Die abgeleiteten Hinweise auf das potentielle Stoffinventar stützen sich ausschließlich auf die Erkennbarkeit von Einbringungsmaterialien im Luftbild und auf Angaben zu benachbarten Altstandorten.

Bei den Luftbildmaßstäben der für die aktive Phase der Deponie wichtigen Luftbildzeitschnitte (kleiner als 1 : 5 000) war die sichere Erkennung von Einzelobjekten zur Identifikation von bestimmten Materialien nicht mehr gewährleistet. Die Beschreibung der eingebrachten Materialien konnte deshalb nur auf indirekten Kennzeichen im Luftbild wie Grauton und Textur sowie teilweise auf der Beschreibung von Hangformen und -neigungen aufbauen (HUBER & VOLK, 1986). Ein allgemeingültiger Interpretationsschlüssel ist damit nicht angebbar. Der von BORRIES (1992) für den Zweck der Deponieerkennung erarbeitete Schlüssel ist entsprechend ungenau, so daß die folgende Beschreibung und Analyse auf der Erfahrung der dieses Projekt bearbeitenden Luftbildinterpreten beruht.

Potentielles Stoffinventar der Stufe I (1906 - 1928)

Die Zusammensetzung etwaiger ungeordneter Ablagerungen in den kleineren Hohlformen in dieser Phase kann nicht beurteilt werden. Allerdings geht von den Hohlformen auch kein Gefährdungspotential aus, da diese bei Anlage der Sandgrube ausgeräumt wurden und somit als potentiell verfüllte Hohlformen nicht mehr existieren.

Potentielles Stoffinventar der Stufe II (1929 - 1945)

Über die Zusammensetzung des Materials der Schüttung von Stufe II sind dem Luftbild von 1938 nur wenige Anhaltspunkte zu entnehmen. So deutet die Tatsache, daß diese Schüttungsstufe eine sehr inhomogene Grautonverteilung zeigt sowie zum Teil bereits wieder bewachsen ist, auf die Ablagerung von nicht einheitlichem Material hin. Als Einbringungsmaterial kommen neben Hausmüll vor allem Produktionsabfälle der Kleinindustrien und Betriebe der umliegenden Ortschaften in Frage, zumal 1938 kein Hauptanlieferungspfad zu erkennen ist. Die Anlieferung erfolgte wahrscheinlich aus den Ortschaften Oberndorf im Nordosten (Eintrag in Karte 1908/Nachtrag 1928 bzw. Reichsluftbildkarte 1938: Lagerplatz), Hermsdorf im Nordwesten (Eintrag in Karte 1908/Nachtrag 1928 bzw. Reichsluftbildkarte 1938: Ziegelei, Fabrik) und Reichenbach im Süden (Eintrag in Karte 1908/ Nachtrag 1928 bzw. Reichsluftbildkarte 1938: Porzellanfabrik, Hühnerfarm, Pechhütte). Fernanlieferungen waren bei der Deponiegröße und den nicht ausgebauten Zufahrtsstraßen unwahrscheinlich.

Allerdings ist in der Reichsluftbildkarte von 1938 im Bereich des Staatsforstes Tautenhain eine ausgedehnte industriell genutzte Anlage zu erkennen, die sich mit mehreren kleineren Anlagen und Verbindungsstraßen im Forst verteilt. Sie ist auf den Luftbildern von 1953 als stark bombardiert und (wahrscheinlich nach Kriegsende) in weiten Bereichen gesprengt zu erkennen, was auf eine kriegswichtige Produktion hinweist. In der von PREUSS & HAAS (1987) herausgegebenen Aufstellung der Rüstungsstandorte des Deutschen Reiches ist ein Rüstungsstandort im näheren Untersuchungsbereich nicht verzeichnet. Gleichzeitig ähnelt die Anlage jedoch in weiten Teilen stark dem Typ der von GLASER & CARLS (1990) veröffentlichten Kampfmittelproduktionsstätte, so daß eine diesbezügliche Nutzung des Geländes ohne weitere Untersuchung nicht ausgeschlossen werden kann. Bei Verifizierung dieser Annahme ist eine Einbringung von Produktionsabfällen aus der Kampfmittel verarbeitenden Industrie in die Deponie Hermsdorf bis Ende 1945 nicht auszuschließen. Damit ist in der Stufe II (1929-1945) grundsätzlich mit folgenden Ablagerungen und grundwassergefährdenden Stoffen am Standort der Deponie Hermsdorf zu rechnen:

I) Hausmüll (u.a. nach BORRIES, 1992):

Haushaltschemikalien, Medikamente, Trockenbatterien, Farben, Lösungsmittel, Laugen, Pflanzenschutzmittel, Feinchemikalien, Thermometer (Quecksilber), kleinere Altölkanister, Sperrmüll.

II) Produktionsabfälle ziviler Industriebetriebe (u.a. nach KINNER, KÖTTER & NICLAUS, 1986):

Porzellanfabrik mit diversen Erden, Produktionsbruch, Schwermetallsalze, vor allem Pb, Ni, Cr, Cu; Pechhütte mit Teeröl (Cyanide, Phenole, Benzol, PCB), Ruß (PAK), Schwefelsäure; Ziegelei mit Ziegeleiabfällen, Schwermetallsalze (vor allem Pb, Ni, Cr, Cu), Aschen (PAK), Hühnerfarm mit Fäkalien (Nitrate, Phosphate, Ammonium).

III) Produktionsabfälle von Rüstungsindustrien (Sprengstoffe):

Da keine gesicherten Aussagen über Art und Umfang der eventuellen Rüstungsproduktion vorliegen, lassen sich keine Angaben über das potentiell eingelagerte Stoffspektrum machen. Als Indikatoren bei einer Beprobung können Nitroaromate und aromatische Amine (v.a. Nitrotoluole und Nitrophenole) nach HAAS (1992) gelten.

Potentielles Stoffinventar der Stufe III (1946 - 1955)

Diese Stufe der Deponieentwicklung kennzeichnet eine Stillegungsphase. Etwaige ungeordnete Ablagerungen sind im Luftbild von 1953 nicht zu erkennen.

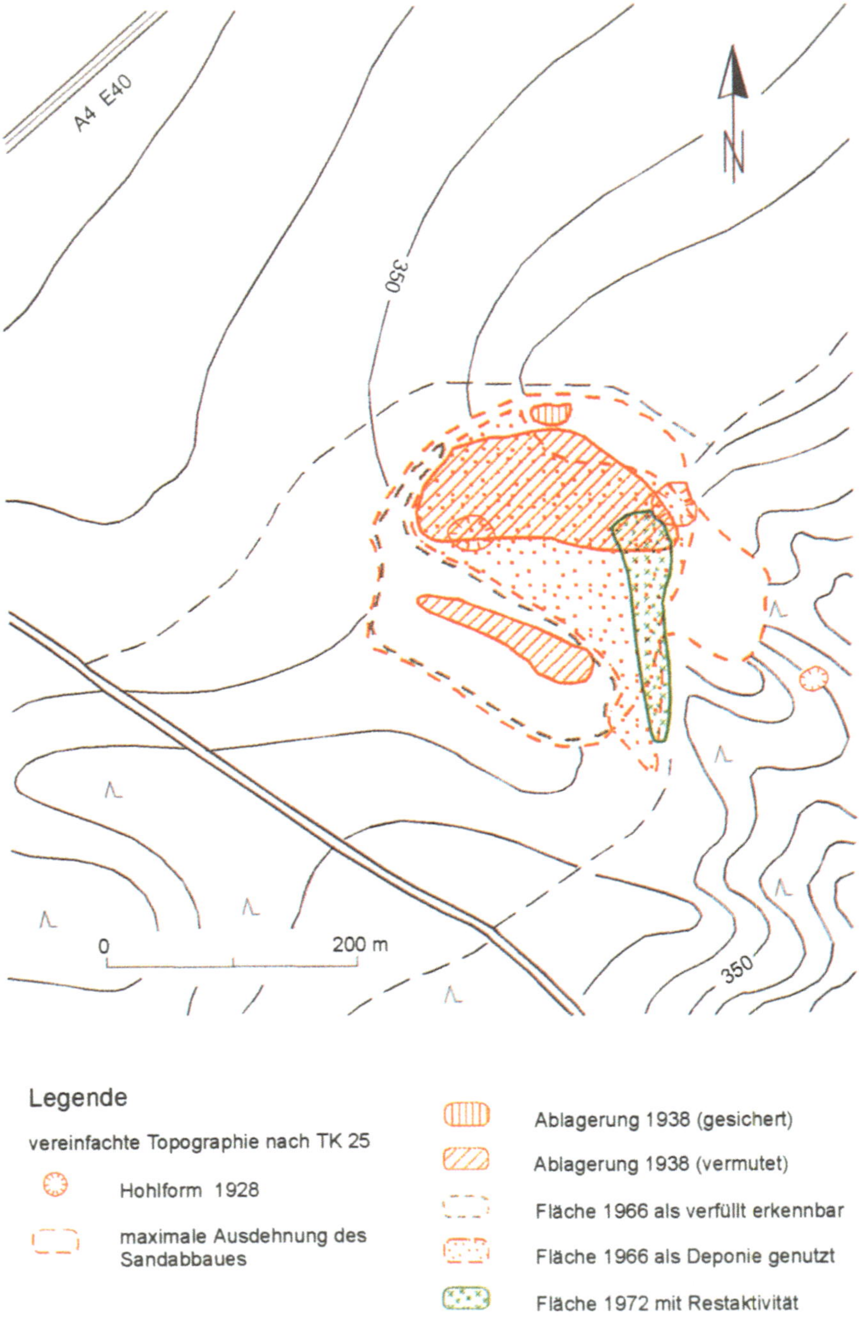

Abb. 6.32: Synthesekarte I: Zeitliche und räumliche Deponieentwicklung (vereinfacht)

Abb. 6.33: Synthesekarte III: Verdachtsflächen und Vorschlag von Beprobungspunkten (vereinfacht)

Potentielles Stoffinventar der Stufe IV (1956 - 1970)

Dieser, die aktivste Stufe der Deponie kennzeichnende Zeitschnitt, beinhaltet das umfangreichste Stoffpotential. Zum einen ist in dieser Stufe die größte Ausdehnung in Fläche und Mächtigkeit zu verzeichnen, zum anderen sind wahrscheinlich massiv Produktionsabfälle der in Hermsdorf angesiedelten Industrie in die Deponie eingebracht worden. Bei der Analyse ist zu beachten, daß die im folgenden dargestellten Überlegungen auch für die 1966 bereits landwirtschaftlich genutzte Fläche gelten.

Als eine mögliche Quelle kommt der bereits erwähnte keramische Betrieb in Frage, dessen Produktionsspektrum vor allem folgende Produkte umfaßte:

- Elektroinstallationsmaterial
- technische Keramik einschließlich Oxidkeramik
- Ferrite
- Hybridmikroelektronik
- Zulieferungen für Straßenfahrzeuge (Batteriezündanlagen, Hochspannungsverteiler für 4-Takt-Otto-Motoren)
- Niederspannungs-Schaltgeräte.

Über die von Jenapharm verkippten Abfälle liegen keine exakten Angaben vor. Nach mündlichen Überlieferungen sollen lediglich verschiedene Lösungsmittel verbrannt und metallisches Natrium durch Übergießen mit Wasser in einer Stahlwanne vernichtet worden sein (WIESNER, 1991).

Damit könnte ein insgesamt breit gefächertes und differenziertes Stoffspektrum auf der Deponie abgelagert sein (Angaben u.a. nach KINNER, KÖTTER & NICLAUS, 1986). Der sehr helle bis weiße Grauton spricht vor allem für Abfälle aus der Produktion technischer Keramik einschließlich Oxidkeramik. Folgende kontaminationsverursachende Faktoren sind zu vermuten:

1. Entsorgung von Beiz- und Galvanisierabwässern sowie Abfällen aus der Oberflächenbehandlung und aus der Herstellung von Elektroinstallationsmaterial, Fahrzeugteilen und Niederspannungsschaltgeräten,
2. Entsorgung von Produktionsabfällen aus der Herstellung von Isoliermaterial für Halbleiterbauelemente und Abfällen aus der Herstellung technischer Keramik,
3. Entsorgung von Grundmaterial und Produktionsabfällen aus der Herstellung von Ferriten,
4. Entsorgung von Abfällen der Pharmaindustrie.

Das gesamte Abfallspektrum ist in seinen quantitativen Verhältnissen nur sehr schwer abzuschätzen, da keine Angaben über Produktionsmengen des keramischen Betriebes vorlagen. Eine außerordentlich große Anzahl der genannten kontaminationsträchtigen Faktoren bzw. Stoffe besitzen jedoch hohe bis sehr hohe Wassergefährdungsklassen, die zur umgehenden Einleitung von Sofortmaßnahmen anraten lassen.

Potentielles Stoffinventar der Stufe V (1971 - 1985)

In der letzten erfaßten Deponiestufe läßt sich aus der Tatsache einer geringen Restaktivität mit Ablagerungen von Hausmüll nur ein untergordnetes Gefährdungspotential ermitteln. Hinweise auf weitere kontaminierende Faktoren ergeben sich für diese Stufe nicht.

Zu beachten ist jedoch der Austritt von Deponie-Sickerwasser am Deponierand, welches potentiell als mittel bis schwer kontaminiert eingestuft werden muß. Ein Abfluß kontaminierter Sickerwässer in das Grundwasser und in Oberflächengewässer ist nicht auszuschließen.

6.4.3 Zusammenfassung

Zur Erfassung und Abschätzung des Gefährdungspotentials der Deponie Hermsdorf wurden mit Hilfe der Methode der multitemporalen Luftbild- und Kartenauswertung insgesamt 10 Kartenzeitschnitte und 4 Luftbildzeitschnitte ermittelt und ausgewertet. Danach läßt sich die historische Entwicklung der Deponie Hermsdorf in fünf Stufen einteilen.

In dem eine aktive Stufe ausweisenden Luftbildzeitschnitt von 1966 ist die größte Ausdehnung der Deponie bezüglich Fläche und Volumen erkennbar. Die Deponie stellt sich als Hauptablagerungsort für Abfälle eines in Hermsdorf angesiedelten keramischen Werkes dar. Ungefähr zum Zeitpunkt 1970 wurde die Deponie stillgelegt, so daß neben einem auffälligen Sickerwasseraustritt nur noch kleinere Restaktivitäten zu erkennen sind. Auf Grund des grund- und oberflächenwassergefährdenden Stoffspektrums und der Lage am Rande einer Hochfläche ist der Deponie ein Gefährdungspotential zuzuschreiben, welches durch weitere Untersuchungen überprüft werden sollte. Sämtliche vermutete Verdachtsmomente bzw. Verdachtsflächen erfordern grundsätzlich eine Überprüfung vor Ort.

Trotz des Indiziencharakters der abgeleiteten Aussagen ist die multitemporale Luftbild- und Kartenauswertung im Falle ungenügend bekannter bzw. untersuchter Flächen, die eine Altlast bzw. einen Altstandort in sich bergen können, eine Methode, die schnell und kostengünstig erste Informationen über mögliche vorhandene Gefährdungspotentiale liefert. Die multitemporale Luftbild- und Kartenauswertung liefert Hinweise darüber, ob und mit welcher Dringlichkeit ein Handlungsbedarf für weitere Untersuchungen am Standort besteht. Es sind Geländeabschnitte bestimmbar, auf die Bohrungen und andere Beprobungsverfahren zielgerichtet angesetzt werden können. Damit ist die Voraussetzung gegeben, vergleichsweise teure Aufschluß- und Analyseverfahren optimal einzusetzen und in ihrem Umfang zu reduzieren. Hier liegt zweifellos der hohe Nutzen der multitemporalen Luftbild- und Kartenauswertung für eine Erstbewertung unbekannter Flächen und Standorte.

Dank

Die Autoren danken dem Bundesministerium für Bildung, Wissenschaft, Forschung und Technologie (BMBF) und dem Projektträger Abfallwirtschaft und Altlastensanierung im Umweltbundesamt (UBA) für die Förderung im Rahmen des Forschungsverbundvorhabens "Methoden zur Erkundung und Beschreibung des Untergrundes von Deponien und Altlasten", Kurztitel "Deponieuntergrund".

Dank gebührt des weiteren der Projektleitung "Deponieuntergrund" in der Bundesanstalt für Geowissenschaften und Rohstoffe (BGR) für die Unterstützung bei der Realisierung der umfangreichen methodischen und experimentellen Untersuchungen. Den Mitarbeitern des Referates B1.32 der BGR (Leiter Dr. Dieter Bannert) wird für die ständige Unterstützung bei der Erarbeitung des Handbuches gedankt. Herr Franz Böker hat als Flugzeugführer und Techniker, auf Grund seines persönliches Engagements und seiner fliegerischen Erfahrung aus zahlreichen geologischen Projekten, maßgeblichen Anteil an der Erarbeitung der vorgestellten Fallstudien.

Hervorzuheben ist die konstruktive Bereitschaft und das Entgegenkommen der Märkischen Entsorgungsanlagen-Betriebsgesellschaft mbH (MEAB), wodurch eine Vielzahl von Tests, Versuchen und Erprobungen vor Ort erst ermöglicht wurden.

Die Autoren danken den Revisoren, Frau Prof. Dr. Cornelia Gläser und Herrn Heinz Rosemann, für die mühevolle und kritische Durchsicht des Manuskriptes sowie die zahlreichen konstruktiven Hinweise für dessen Überarbeitung. Herrn Hans-Georg Carls (Luftbilddatenbank in Würzburg) wird für den Rat zu Kriegsluftbildern und Archivunterlagen gedankt. Darin eingeschlossen ist auch der große Kreis von Fachkollegen aus der BGR, Universitäten, Behörden, Institutionen und Firmen, welche durch ihre Unterstützung in Form von Konsultationen, Hinweisen und technischen Hilfestellungen Anteil an der Realisierung des Buches haben.

Nicht zuletzt seien Frau Ingrid Boller, Frau Elke Graf, Frau Claudia Wießner, Herr Matthias Sack (alle BGR) und Herr Dietmar Heise (uve Berlin) genannt, welche durch die sachkundige Erstellung der zum Teil aufwendigen Abbildungen, Graphiken und Layouts zur Gestaltung des Handbuches beigetragen haben.

Quellen für Karten und Bilder:

Amt für Militärisches Geowesen, Frauenberger Straße 250, 53879 Euskirchen

Berliner Spezialflug, Luftbild GmbH, Waßmannsdorfer Str. 15831 Diepensee

Böker, F., Kopernikusstraße 3, 30982 Pattensen

Bundesanstalt für Geowissenschaften und Rohstoffe, B1.32, Stilleweg 2, 30655 Hannover

Bundesanstalt für Geowissenschaften und Rohstoffe, Außenstelle Berlin, AB1.43, Invalidenstraße 44, 10115 Berlin

Bundesarchiv, Abteilung Potsdam, Berliner Straße 98-101, 14467 Potsdam

Deutsche Forschungsanstalt für Luft- und Raumfahrt (DLR), 82234 Oberpfaffenhofen

Eurosense GmbH, Markgrafendamm 24, 10245 Berlin

FPK Ingenieurbüro für Fernerkundung, Photogrammetrie und Kartographie GbR, Hornstraße 3, 10963 Berlin

Gesellschaft für Umwelt- und Wirtschaftsgeologie mbH (UWG), Invalidenstraße 44, 10115 Berlin

Hansa Luftbild GmbH, Elbestraße 5, 48145 Münster

KAZ Bildmeß GmbH, Karl-Rothe-Straße 10-14, 04133 Leipzig

Landesvermessungsamt Brandenburg, Heinrich-Mann-Allee 103, 14437 Potsdam

Luftbilddatenbank in Würzburg, Saalgasse 3 u. 5, 97082 Würzburg

Merkt, J., Dr., Niedersächsisches Landesamt für Bodenforschung, Stilleweg 2, 30655 Hannover

Senatsverwaltung für Bau- und Wohnungswesen Berlin, Luftbildarchiv, Mansfelder Straße 16, 10713 Berlin

Stadt Halle (Saale), Umweltamt, Marktplatz 1, 06108 Halle (Saale)

Thüringer Landesverwaltungsamt, Landesvermessungsamt, Anger 6, 99084 Erfurt

uve GmbH, Kantstraße 33, 10625 Berlin

WIB Ingenieurgesellschaft GmbH, Lassenstraße 11-15, 14193 Berlin

WTI Software Services, 809 Lawrence Road, San Mateo, CA 94401, USA.

Amtliche Genehmigungen

Luftbilder:

- Abb. 6.4 (1981) vervielfältigt mit Genehmigung des Thüringer Landesverwaltungsamtes vom 16.02.1995,
- Abb. 3.3, 4.2, 4.10, 4.15, 6.14 (oben) vervielfältigt mit Genehmigungs-Nr. LBB XI/95 des Landesvermessungsamtes Brandenburg vom 31.01.1995,
- Abb. 4.5 vervielfältigt mit Genehmigung der Berliner Senatsverwaltung für Bau- und Wohnungswesen V vom 30.01.1995,
- Abb. 4.3, 6.15, 6.16, 6.28 und 6.29 vervielfältigt mit Genehmigung des Bundesarchives, Abteilung Potsdam vom 20.04.1994,
- Abb. 6.4 (1961, 1971) vervielfältigt mit Genehmigung des Bundesarchives, Abteilung Potsdam vom 28.02.1995.

Karten:

- Abb. 4.3, 6.23, 6.24 vervielfältigt mit Genehmigungs-Nr. GB-D 4/95 des Landesvermessungsamtes Brandenburg vom 22.02.1995 (Top. Grundlage TK 10AV und TK25AS),
- Abb. 6.25 vervielfältigt mit Genehmigungs-Nr.004 413/95 des Thüringer Landesverwaltungsamtes vom 30. 01.1995.

Literatur

AFL (Arbeitsgruppe Forstlicher Luftbildinterpreten, 1988): Auswertung von Color-Infrarot-Luftbildern.- Selbstverlag der Arbeitsgruppe, Druck Forstliche Bundesversuchsanstalt, Wien.

AG BODENKUNDE (1982): Bodenkundliche Kartieranleitung.- 3. Aufl., 331 S., Hannover (Schweizerbart'sche Verlagsbuchhandlung).

AHRENS, H. (1992): Verbundvorhaben Deponieuntergrund: Teststandort Schöneiche/Schöneicher Plan (Vorstudie), UWG mbH Berlin im Auftrag der BGR, 35 S., unveröff.

ALBERTZ, J. (1991): Grundlagend der Interpretation von Luft- und Satellitenbildern: Eine Einführung in die Fernerkundung.- 204 S., Darmstadt (Wiss. Buchges.).

BARRETT, E. C. & CURTIS, L. F. (1992): Introduction to Environmental Remote Sensing.- 426 S., London (Chapman & Hall).

BARTSCH, B. (1992): Erfassung, Bewertung und Gefährdungsabschätzung der Deponie Köppchensee/Berlin mit Fernerkundungsmethoden.- Gutachten für die Senatsverwaltung für Stadtentwicklung und Umweltschutz Berlin, unveröffentlicht (WIB GmbH).

BARTSCH, B.; GLOWINSKI, B.; GORGAS, U.; IRREK, J. & SCHULZ, C. (1993): Bewertung und Gefährdungsabschätzung der Deponie Hermsdorf mit Fernerkundungsmethoden.- Abschlußbericht für die Bundesanstalt für Geowissenschaften und Rohstoffe als Teil des Verbundprojektes "Methoden zur Erkundung und Beschreibung des Untergrundes von Deponien und Altlasten", WIB GmbH Berlin, 28 S., Anlagen.

BAUER, H. J. & HAAS, D. (1992): Die Erfassung von altlastverdächtigen Altablagerungen und Altstandorten aufgezeigt am Beispiel des Landes Nordrhein-Westfalen.- Müllhandbuch, Bd. 3, Kennzahl 4310, Lieferung 5/92, Berlin (Erich Schmidt).

BÖKER, F. & KÜHN, F. (1992): Zur Verwendung von Luftbildern bei der geologischen Kartierung.- Z. angew. Geol. 38, 2, 80-85, Berlin.

BORMANN, P. (1981a): Passive Fernerkundungssensoren im optischen Bereich des Spektrums.- Vermessungstechnik 29, 2, 45-48.

BORMANN, P. (1981b): Was ist unter dem Auflösungsvermögen eines Fernerkundungssensors zu verstehen.- Vermessungstechnik 29, 10, 331-335.

BORRIES, H.-W. (1992): Altlastenerfassung und -erstbewertung durch multitemporale Karten- und Luftbildauswertung.- Würzburg (Vogel).

BORRIES, H.-W. & HÜTTL, H. (1991): Beprobungsfreie Erfassung und Erstbewertung von Rüstungsaltlasten bei Verdachtsstandorten.- In: THOMÉ-KOZMIENSKY (Hrsg.): Untersuchung von Rüstungsaltlasten, Berlin (EF-Verlag für Energie und Umwelttechnik GmbH).

BREMER et al. (1992): Leitfaden zum Altlastenprogramm des Landes Sachsen-Anhalt. Teil 1: Erfassung und Erstbewertung der Altlastverdachtsflächen.- Landesamt für Umweltschutz Sachsen-Anhalt, Halle.

BRÜCKNER, G.; KNITSCHKE, G.; SPILKER, M.; PELZEL, J. & SCHWANDT, A. (1983): Probleme und Erfahrungen bei der Beherrschung von Karsterscheinungen in der Umgebung stillgelegter Bergwerke des Zechsteins in der DDR.- Neue Bergbautechnik 13, 8, 417-422, Leipzig.

BURKHARDT, D. (1991): Erfassung von Rüstungsaltlasten bei Verdachtsstandorten.- In: THOMÉ-KOZMIENSKY (Hrsg.): Untersuchung von Rüstungsaltlasten, Berlin (EF-Verlag für Energie und Umwelttechnik GmbH).

CHANG, S.-H. & COLLINS, W. (1983): Confirmation of the Airborne Biophysical Mineral Exploration Technique Using Laboratory Methods.- Economic Geology, Vol. 78, 723-736.

CLOUTIS, E. A. (1989): Spectral Reflectance Properties of Hydrocarbons: Remote Sensing Implications.- Science, Vol. 245, 165-168.

COLLINS, W.; CHANG, S. H.; RAINES, G.; CANNEY, F. & ASHLEY, R. (1983): Airborne Biophysical Mapping of Hidden Mineral Deposits.- Economic Geology, Vol. 78, 737-749.

COLWELL, R. N. (Hrsg. 1983): Manual of Remote Sensing, Vol. 1 Theory, Instruments and Techniques, Vol. 2: Interpretation and Applications.- American Society of Photogrammetry, Falls Curch.

CRAWFORD, M. F. (1987): Preliminary Evaluation of Remote Sensing Data for Detection of Vegetation Stress Related to Hydrocarbon Microseepage: Mist Gas Field Oregon-. Proceedings of the fifth Thematic Conference on Remote Sensing for Exploration Geology, Environmental Research Institute of Michigan, Vol. 1, 161-177.

DANIEL, B. et al. (1990): Altlastenanalytik: Parameterliste zur branchenspezifischen Auswahl von Analysenparametern für Altstandorte.- Landsberg/Lech (ecomed).

DECH, S. W.; GLASER, R.; KÜHN, F. & CARLS, H.-G. (1991): Ökologische Probleme durch Rüstungsaltlasten in der Colbitz-Letzlinger Heide.- DLR-Nachrichten, Heft 64.

DODT, J.; BORRIES, H. W.; ECHTERHOFF-FRIEBE, M & REIMERS, M. (1987): Zur Verwendung von Luftbildern und Karten bei der Ermittlung von Altlasten.- Ruhr-Universität Bochum, 124 S., Anlagenband.

EHRENBERG, M. (1991): Beprobungslose Altlastenerkundung.- wlb Wasser, Luft und Boden, 7-8, S. 56-59.

ERB, W. (1989): Leitfaden der Spektroradiometrie.- 386 S. Berlin Heidelberg (Springer).

GEBHARDT, A. (1981): Thermografie, Anwendungen bei der geophysikalischen Naherkundung.- Freiberger Forschungsheft, C367,84 S., 16 Beilagen, Leipzig (Deutscher Verlag für Grundstoffindustrie).

GLASER, R. & CARLS, H.-G. (1990): Kriegsluftbilder 1940-1945: Ein Hilfsmittel bei der Verdachtsflächenermittlung von Kriegsaltlasten und in der Umweltplanung.- Laufener Seminarbeitr., 90.1: 65-73, 6 Abb, 1 Tab., Laufen/Salzach.

GLÄSER, C. (1989): Beiträge zur Anwendung der Multispektraltechnik für die Lösung geowissenschaftlicher Aufgaben. Dissertation B, Martin-Luther-Universität Halle-Wittenberg, Textband 217 S., 89 Abb., 10 Tafeln, 6 Karten.

GOETZ, A. F.; BARRET, N. R. & ROWAN L. C. (1983): Remote Sensing for Exploration: An Overview. - Economic Geology, Vol. 78, No. 4, 573-592.

GUPTA, R. P. (1991): Remote Sensing Geology.- 356 S.; Berlin Heidelberg (Springer).

HAAS, R. (1992): Konzepte zur Untersuchung von Rüstungsaltlasten.- 159 S., 48 Abb., Berlin (Erich Schmidt).

HAUFF, PH. L., (1993): Spectral Reflectance Properties of Oil and Hydrocarbon-Bearing Rocks and Sediments.- Application Note, No. 1, 1993, Spectral International Inc., Cleveland, Colorado.

HOLZFÖRSTER, B. & TIEDEMANN, M. (1991): Die Bedeutung der Luftbildauswertung für die Erfassung von Rüstungsaltlasten am Beispiel Niedersachsen.- In: THOMÉ-KOZMIENSKY (Hrsg.): Untersuchung von Rüstungsaltlasten.- Berlin (EF-Verlag für Energie und Umwelttechnik).

HÖRIG, B.; KATZKOW, N.; KRULL, P.; KÜHN, F.; STOJANOW, TZ.; STOJANOWA, V. & ULBRICHT, G. (1985): Methodische Probleme spektrometrischer Messungen an geologischen Objekten.- Z. angew. Geol. 31, 8, 207-212, Berlin.

HÖRIG, B. & KÜHN, F. (1993): Spektrometrie, Methodische Aspekte spektrometrischer Untersuchungen im Umweltbereich.- unveröff. Bericht, BGR Hannover/Berlin.

HÖRIG, B. & ULBRICHT, G. (1986): Anwendungen der Spektrometrie im Rahmen methodischer Forschungsarbeiten zur Substratanalyse im Deckgebirge (Oderbruch).- unveröff. Bericht, 119 S. 76 Abb., Zentrales Geologisches Institut Berlin.

HUBER, E. & VOLK, P. (1986): Deponie- und Altlastenerkundung mit Hilfe von Fernerkundungsmethoden.- Wasser und Boden, 1986.10: 509-515, 6 Abb..

HUNT, G. R. & SALISBURY, J. W. (1976): Visible and near-infra red spectra of minerals and rocks: XII. Sedimentary Rocks.- Modern Geology, Vol. 5, 211-217

JANSEN, W. T. (1994): The Mapping of Mineral Distributions Using Remotely Sensed Hyperspectral Images and Standard Spectral Libraries.- Int. Symposium on Remote Sensing and GIS for Site Characterizations - Applications and Standards, ASTM, San Francisco, 27./28. Januar 1994, Proceedings in Vorbereitung.

KINNER, U.; KÖTTER, L. & NICLAUS, M. (1986): Branchentypische Inventarisierung von Bodenkontaminationen - Ein erster Schritt zur Gefährdungsabschätzung für ehemalige Betriebsgelände.- Forschungsbericht 10703001, Berlin (Umweltbundesamt).

KNEIB, W.D. (1990): Abfalldeponien; in: BLUME, H.-P. (1990): Handbuch des Bodenschutzes: 412-420, Landsberg (ecomed).

KRENZ, O. (1991): Luftbildinterpretation der Deponiestandorte Schöneiche und Schöneicher Plan.- Teilbericht zum BMFT-Projekt "Abfallwirtschaftliche Rekonstruktion von Altdeponien am Beispiel des Deponiestandortes Schöneiche" (unveröff.).

KRISCHOK-PEPPERNICK, A. (1990): Historische Erkundung.- in COLLINS, H.J. & WOLF, J. (Hrsg.): Erfassung von Rüstungsaltlasten, TU Braunschweig, H5, Braunschweig.

KRONBERG, P. (1984): Photogeologie, eine Einführung in die Grundlagen und Methoden der geologischen Auswertung von Luftbildern.- 268 S.; Stuttgart (Enke).

KRONBERG, P. (1985): Fernerkundung der Erde.- 394 S.; Stuttgart (Enke).

KÜHN, F. & OLEIKIEWITZ, P. (1983): Die Nutzung der Multispektraltechnik zur Früherkennung von senkungs- und erdfallgefährdeten Gebieten.- Z. angew. Geol. 29, 6, 71-74, Berlin.

KÜHN, F. (1992): Ergebnisse der Luftbildauswertung für den Deponiestandort Eulenberg bei Arnstadt; Teil I: Auswertung und Interpretation historischer Luftbilder; Teil II: Photogeologische Beurteilung des Deponiestandortes.- Bundesanstalt für Geowissenschaften und Rohstoffe, Außenstelle Berlin; (unveröff.).

KÜHN, F. & HÖRIG, B. (1994): Environmental Remote Sensing for Military Excercise Places.- Int. Symposium on Remote Sensing and GIS for Site Characterizations - Applications and Standards, ASTM, San Francisco, 27./28. Januar 1994, Proceedings in Vorbereitung.

KÜHN, F.; KNÖDEL, K.; KRUMMEL, H. & LANGE, G. (1994): Kombinierte Nutzung von Luftbildern und geophysikalischen Methoden bei der Untersuchung eines Deponiestandortes.- Z. angew. Geol. 40, 2, 61-68, Berlin.

LAGA, LÄNDERARBEITSGEMEINSCHAFT ABFALL (1990): Informationsschrift Altablagerungen und Altlasten.-Müllhandbuch, Bd. 3, Kennzahl 4470, Lieferung 6/90, Berlin (Erich Schmidt).

LAGA, LÄNDERARBEITSGEMEINSCHAFT ABFALL (1991): Informationsschrift Abfallarten, Stand 1990.- Müllhandbuch, Bd. 2, Kennzahl 1110, Lieferung 4/91, Berlin (Erich Schmidt).

LANGER, M. & WEGNER, TH. (1986): Methodische Untersuchungen zur Substratanalyse an Luftaufnahmen im Oderbruch.- unveröff. Bericht, 89 S., 77 Abb., Zentrales Geologisches Institut Berlin.

LÖFFLER, J. (1962): Die Kali- und Steinsalzlagerstätten des Zechsteins in der Deutschen Demokratischen Republik.- Freiberger Forschungsheft, Teil III Sachsen-Anhalt, C97/III, 345 S., 16 Beilagen, Berlin (Akademie Verlag).

LOWE, D. S. (1969): Optical Sensors.- in: Principles and applications to earth resources surveys, S. 73-136, Paris (CNS and Univ. of Michigan).

MERKT, J. & BÖKER, F. (1993): Erkundung von quartärgeologischen Bildungen mit saisonalen Luftbildern.- Geol. Jb., A142, S. 65-88, Hannover.

MEYER, W. (1993): Abschlußbericht Reflexionsseismik Eulenberg/ Arnstadt.- Geophysik GGD Leipzig (unveröff.).

PREUSS, J. & HAAS, R. (1987): Die Standorte der Pulver-, Sprengstoff-, Kampf- und Nebelstofferzeugung im ehemaligen Deutschen Reich.- Geogr. Rdsch., 39.10: 578-584, 1 Kt., 1 Tab., Braunschweig.

SABINS, F. F. (1987): Remote sensing principles and interpretation.- 449 S., San Francisco (Freeman).

SCHNEIDER, S. (1974): Luftbild und Luftbildinterpretation.- 530 S.; Berlin (de Gruyter).

SCHNEIDER, S. (1984): Angewandte Fernerkundung: Methoden und Beispiele.- 285 S., Hannover (Vincentz).

SCHULZE, E.; SEIDEL, K. & SEIDEMANN, O. (1992): Ergebnisbericht über magnetische, gravimetrische, geoelektrische und refraktionsseismische Messungen am Teststandort Eulenberg.- Geophysik GGD Leipzig (unveröff.).

SHILIN, B. V. (1980): Thermal Aerial Survey in Natural Resources Research.- 47 S. (russ.), St. Petersburg (Gidrometeoizdat).

RATES DER SACHVERSTÄNDIGEN FÜR UMWELTFRAGEN: Sondergutachten „Altlasten".- Bundestags-Drucksache 11/6191 vom 03.01.1990.

STRÄHLE KG (1985): Historisches Luftbildarchiv seit 1919, Luftbildverzeichnis.- Strähle KG Luftbild, Firmenkatalog, Schondorf, 1.Januar 1985.

STRATHMANN, F.-W. (1993): Taschenbuch zur Fernerkundung.- 301 S., Karlsruhe (Wichmann).

TANDY, B. C. & AMOS, E. (1985): Airborne thermal infrared linescan in geology.- Proceedings of the International Symposium on Remote Sensing of Environment, Fourth Thematic Conference "Remote Sensing for Exploration Geology", San Francisco, California, 1.-4. April.

THEILEN-WILLIGE, R. (1993): Umweltbeobachtung durch Fernerkundung.- 120 S.; Stuttgart (Enke).

TREVETT, J. W. (1983): Imaging Radar for Resource Surveys.- 307 S., London (Chapman & Hall).

WEBER, H. (Hrsg. 1993): Altlasten: Erkennen, Bewerten, Sanieren.- Heidelberg (Springer).

WIESNER, G. (1991): Vorstudie zum Forschungsverbundvorhaben Deponieuntergrund, Untersuchungsobjekt: Müllkippe Hermsdorf.- GEOS Ingenieurbüro GmbH Jena, unveröff. Studie im Auftrag der BGR.

WOODING, M. G. (1988): Imaging Radar Applications in Europe, Illustrated Experimental Results (1978-1987).- ESA TM-01, 87 S., Noordwijk, The Netherlands.

WUNDERLICH, J. (1991): Vorstudie zum Forschungsverbundvorhaben Deponieuntergrund, Untersuchungsobjekt: Deponie am Eulenberg westlich Arnstadt/Thüringen.- GEOS-Ingenieurbüro Jena GmbH (unveröff.).

WUNDERLICH, J. (1992): Ergebnisbericht über die Resultate der Schürfe an der ehemaligen Deponie Eulenberg im Landkreis Arnstadt.- GEOS-Ingenieurbüro Jena GmbH (unveröff.).

VOIGT, H. et al. (1987): Hydrogeologisches Kartenwerk der DDR 1:50 000, Karte der Grundwassergefährdung.- Hrsg.: Zentrales Geologisches Institut und Kombinat Geologische Forschung und Erkundung, Berlin/Halle.

Verzeichnis häufig verwendeter Abkürzungen

AIS	Airborne Imaging Spectrometer
AVIRIS	Airborne Visible/Infra-Red Imaging Spectrometer
BGR	Bundesanstalt für Geowissenschaften und Rohstoffe
CASI	Compact Airborne Spectrographic Imager
CCD	Charge Coupled Device
CIR	Color Infrarot
c_k	Kammerkonstante, Brennweite
DAIS	Digital Airborne Imaging Spectrometer
DLR	Deutsche Forschungsanstalt für Luft- und Raumfahrt
FOV	Field of View
GER	Geophysical Environmental Research
GIS	Geoinformationssystem
GPS	Global Positioning System
h_g	Flughöhe über Grund
IFOV	Instantaneous Field of View
IR	Infrarot
K	Kelvin
LAGA	Länderarbeitsgemeinschaft Abfall
LB	Luftbild
LMK	Luftbildmeßkammer
M	Maßstab
m_b	Bildmaßstabszahl
MEZ	Mitteleuropäische Zeit
MIR	mittleres Infrarot
NLfB	Niedersächsisches Landesamt für Bodenforschung
nm	Nanometer
NUV	nahes Ultraviolett
NIR	nahes Infrarot
S	Siemens, Einheit der elektrischen Leitfähigkeit
SP	Messung der Strahlungstemperatur an einem Bildpunkt (Temperaturspot)
SW	Schwarzweiß
TK	Topographische Karte
TM	Landsat Thematic Mapper
VIS	sichtbares Licht
UV	Ultraviolett
λ	Wellenlänge
ρ	Dichte

Sachregister

Abfallart 128,
Abfallartenschlüssel 128
Abgrabung 23-25, 42, 66
Ablagerung 52, 55, 64-66, 99, 109, 114-117, 122, 124, 129-139, 144, 145, 149
Ablagerung, frühgeschichtlich 65
Abtastsystem 27
Algenbildung 19, 63
Altablagerung 52, 64, 65, 114, 116, 117, 122, 124, 127-132
Altbergbau 60
Altstandort 83-94, 127-148
Altlast 2, 18, 21, 23, 24, 64, 116, 127
Altlastverdachtsfläche 24, 113, 114, 116, 127, 129
Altlastverdachtsflächen-Erfassung 127, 128
Analysekarte 135, 142, 143
Archiv-Luftbild 22, 68, 92, 98, 107
Atmosphäre 7, 9, 19
Auflösung, geometrische 2, 11, 13, 15-17, 27, 33
Auflösung, spektrale 35, 74, 74
Auffüllung 42, 64, 94, 134, 140
Aufnahmezeit 42, 43, 109, 120
Aufschüttung 133, 134
AVIRIS-Scanner 34, 37

Bandbreite, spektral 29, 35, 74
Basisabdichtung 69, 75
Bergbau-Altlast 60
Bewuchsmerkmal 42, 65, 134
Bildaufzeichnungssystem 28, 29
Bildzeile 27, 29, 33, 34
Bildverarbeitung, digitale 12, 14, 26, 72, 96
Bildverarbeitungssystem, digitales 28
blue shift 78, 79
Boden 15, 18, 42, 43, 54, 75, 76, 97, 100, 106, 117-119
Boden, ölbelastet 75-77
Boden, Wasserrückhaltevermögen 42, 54, 107-109, 118
Boden, Wasserdurchlässigkeit 54, 108
Bodenauflösung 2, 13, 15, 16, 26, 27, 33
Bodenauflösungselement 27, 29, 33, 34
Bodenfeuchte 39, 53, 75, 76, 100, 109, 110, 113-115
Bodensubstrat 36, 54, 107-109, 113, 114, 117-119
Bombentrichter 17, 24, 25, 53, 70
Brennebene 25, 33
Brennweite 15, 33
Bürgerbefragung 131

CASI-Scanner 34-36
CCD-Scanner 33, 34
Charge Coupled Device 33
Chlorophyll 18, 77-79, 120
CIR-Film 19, 20, 51, 52, 54, 62, 63, 85, 98, 99, 109, 116-124

Daedalus-Scanner 29, 30
Deponie 41-70, 83-150
Deponieabdeckung 64, 100, 102, 104-106, 126

Deponiebasis 1, 25, 41, 58, 63, 66, 69, 84-88, 107, 108, 113
Deponieböschung 32, 51, 60, 100, 102, 103, 105, 134
Deponiekörper 48-52, 84, 88, 96, 98-106, 137-143
Deponieumfeld 41, 53-65, 83, 96, 113-123
Deponieuntergrund 66-68, 84-94, 106-113
Detektoreinheit 27, 29
Drainage 41, 55-58, 60, 69, 106, 107, 109, 110, 122

Energiespektrum 7
Entwässerung 15, 55, 57, 58, 107, 108
Erosion 43, 58
ERS-1 11, 13
Erstbewertung 127, 129, 135

Field of View (FOV) 27, 29, 31, 35
Frischmüll 100, 102, 104, 105
Flughöhe 15, 19, 27, 33
Flugspektrometer 35, 37, 38, 75
Flüssigabfälle 21

Gefährdungsabschätzung 127, 129
Gefährdungspotential 24, 25, 94, 113 133
Geländehöhe 44
Geländekante 134
Geländekontrolle 6, 62, 70, 71, 88, 117
Geländeschatten 43, 133
Geophysik 86-88
GER DAIS 7915 Scanner 34, 35
GER IRIS Mark IV/V Spectroradiometer 73, 74
Gewässer 19, 63, 104
Gewässer, belastet 19, 63, 97, 104
Gewässer, Eutrophierung 19, 63
Gewässernetz 42
Grauton 15, 42, 109, 110, 133, 134, 138, 139, 144, 148
Gravimetrie 87, 88
Groundcheck 6, 71
Grundwasser 41, 55, 62, 63, 69, 96, 104, 107, 109, 113, 133
Grundwasserbelastung, - kontamination 62, 77, 78, 113, 114, 120
Grundwasserentlastung 53, 113, 114
Grundwasserleiter 19, 54, 63, 66, 68, 84, 95, 107, 108, 113, 114, 120, 124
Grundwasserstauer 53

Höhenbestimmung 44
Hohlform 15, 42, 66, 131, 133, 136-138, 140, 144

Infrarot 5, 6, 29, 46
Infrarot, nahes 6, 18, 36, 75, 120
Infrarot, mittleres 6
Infrarot, fernes 6
Infrarot, thermales 6, 30-32, 44, 45
Infrarot-Plateau 78, 79
Infrarotfilm 18
Instanteneous Field of View (IFOV) 27, 29, 33, 34
Interpretationsschlüssel 6, 71, 99, 121
Interpretationsmerkmal 41-47, 66
JERS-1 13

Kalibergbau 60
Kammerkonstante 15
KFA-1000 11, 13
Klüftung 15, 18, 42, 43, 58
Kriegsluftbild 22-25, 110
KWR-3000 11, 13

Landsat Thematik Mapper (TM) 11-13
Luftbild, allgemein 3, 11, 14-25, 41-44, 48-68, 130
Luftbild, Auflösung 15, 16

Luftbild, Auswertung 41-44, 48-68, 133-135
Luftbild, Blickfeld 15
Luftbild, CIR 19, 20, 51, 52, 54, 62, 63, 85, 98, 99, 109, 116-124
Luftbild, Color 18, 21, 65
Luftbild, Flughöhe 15
Luftbild, Interpretation 41-44, 48-68, 133-135
Luftbild, Längsüberdeckung 14, 16
Luftbild, Luftbildfilm 15, 17-21
Luftbild, Maßstab 15
Luftbild, panchromatisch 17, 18
Luftbild, Querüberdeckung 14, 16
Luftbild, Stereopaar 14, 16, 17, 41, 60, 61, 67-68, 91, 116
Luftbildbefliegung 14-16
Luftbildzeitschnitt 136-138, 149
Luftbildkamera 14, 15
Luftbildkamera, Brennweite 15
Luftbildkamera, Kammerkonstante 15

Mikrowellen 5, 6, 26
Monitoring 2, 50, 60
Multispektralsysteme 3, 13, 14, 30, 34, 35, 72, 80
multitemporale Luftbild- und Kartenauswertung 43, 48, 98, 127-150

Nährstoffgehalt 19, 52, 54, 63, 117, 118
Naßstelle 51, 53, 110, 111, 114, 115, 122

Oberflächengewässer 63
Oberflächentemperatur 44, 99, 101
Objekthöhe 44
Ölverunreinigung 72, 75

Pflanzenschäden 97, 109, 120
Pflanzenstreß 79, 80
Photogeologie 41, 71, 83
Photogrammetrie 41
Photosynthese 77
Pixel 13, 27, 29, 34, 35, 37
Pyritablagerung 50
Pushbroom-Scanner 13, 33, 34

Quellen 53, 58, 69, 70, 113, 114

Radar 5, 6, 13, 38
red edge 77-78
red shift 78, 79
Relief 14, 15, 42, 43, 58, 72, 133
Reflexionsseismik 86
Reichsluftbildkarte 22, 128, 137, 144, 145
Reihenmeßkammer 14
Rinnensystem 42, 55, 58, 69

Salzausblühung 52
Satellitendaten 11-13
Scanner 3, 13, 25
Scanner, optisch-mechanischer 26-32
Scanner, optisch-elektronischer 33-38
Scanspiegel 27, 29
Scanstreifen 27, 29
Scansystem 27
Scanwinkel 29
Schlagschatten 44, 134
Schrägluftbild 20, 21, 98
Schwarzkörperstrahlung 7-9
Seasat 13
Sickerwasser 15, 41, 51, 53-56, 58, 66, 68, 69, 95, 96, 107, 109, 114, 139, 141
Sickerwasseraustritt 51, 52
Sickerwasserfassung 51
Siedlungsanlage, frühgeschichtlich 65
Sonnenstrahlung 7-9
Spektralsignatur 34, 37, 72-81
Spektralsignatur, Böden 75, 76
Spektralsignatur, Vegetation 77-81

Spektrometer 73-74
Spektrometer, abbildendes 34, 37, 38, 75
Spektrometer, Feldspektrometer 73
Spektrometer, Flugspektrometer 35, 37, 38, 75
Spektrum, elektromagnetisches 6, 7
Spiegelstereoskop 41, 44
SPOT 11-13
Spülbecken 21
Spülkippe 49
Standortsuche 69, 70
Störung, tektonische 15, 42, 43, 58, 66, 69, 84, 87, 89, 92, 93
Stoffinventar 129, 135, 144-149
Stoffpotential 148
Strahlung, elektromagnetische 5-9
Strahlung, Absorption 7-9, 18, 75, 77, 79, 80, 104, 119
Strahlung, Emission 8, 44, 99, 101, 104
Strahlung, Reflexion 7, 8, 18, 72, 75, 77-79
Strahlung, Streuung 7, 19, 75
Strahlung, Transmission 8
Strahlungstemperatur 31, 44, 99, 102, 105, 106
Sukzession 52
Synthesekarte 135, 136, 146, 147

Tagesbruch 60, 61
Target Information Sheet 22, 88
Temperaturanomalie 9, 32, 50, 55, 101, 102, 116, 117, 119
Thermalaufnahme, -bild 18, 30-32, 44, 45, 50, 55, 57, 64, 99-111, 113-117, 119, 122, 126
Thermalbild, Interpretation 44, 45, 99-106
Thermalfernerkundung 99, 126
Thermalstrahlung 3, 8, 28, 45, 99, 106
Thermographie-System 31, 32, 99
Trennfläche 15, 58

Ultraviolett 5, 6

Vegetation 15, 18, 19, 42, 52, 62, 74-81, 102, 113, 120-123
Vegetationsindex 36
Verfüllung 15, 42, 133
Vorfluter 63
Vitalitätskartierung 120-123
Vitalitätsgrad 121, 123
Vitalitätszustand 18, 19, 62, 113, 120-123
Vor-Kopf-Schüttung 133, 136

Whiskbroom-Scanner 26

Druck: Mercedesdruck, Berlin
Verarbeitung: Buchbinderei Lüderitz & Bauer, Berlin

MIX
Papier aus verantwortungsvollen Quellen
Paper from responsible sources
FSC® C105338

If you have any concerns about our products,
you can contact us on
ProductSafety@springernature.com

In case Publisher is established outside the EU,
the EU authorized representative is:
Springer Nature Customer Service Center GmbH
Europaplatz 3, 69115 Heidelberg, Germany

Printed by Libri Plureos GmbH
in Hamburg, Germany